当励志不再有效

自我平静的五步锻炼

金木水 著

中国友谊出版公司

图书在版编目（CIP）数据

当励志不再有效 / 金木水著 . —北京：中国友谊出版公司，2019.5

ISBN 978-7-5057-4656-5

Ⅰ . ①当… Ⅱ . ①金… Ⅲ . ①心理学—通俗读物 Ⅳ . ① B84-49

中国版本图书馆 CIP 数据核字（2019）第 057143 号

书名	当励志不再有效
作者	金木水
出版	中国友谊出版公司
发行	中国友谊出版公司
经销	新华书店
印刷	河北鹏润印刷有限公司
规格	880×1230 毫米　32 开　9.75 印张　185 千字
版次	2019 年 11 月第 1 版
印次	2019 年 11 月第 1 次印刷
书号	ISBN 978-7-5057-4656-5
定价	45.00 元
地址	北京市朝阳区西坝河南里 17 号楼
邮编	100028
电话	（010）64678009

如发现图书质量问题，可联系调换。质量投诉电话：010-82069336

/ 致 谢 /

别担心,作者是不会感激涕零的,毕竟,这是一本关于平静的书。

本书的出版,来自众多的因缘巧合——

首先,要感谢家人、朋友、同事,上天如此眷顾,让我有幸与善良的人相遇今生。

其次,作为一名曾就读北京大学附属小学、北京大学附属中学、北京大学的北京大学校友,我还应该向母校深深致意。

最后,我要感谢的是 Diana W、杨翊之、毛丽君、蒋莉、郭冬梅、金根河,在本书成稿后,他们给我提出过宝贵意见。对于磨铁顾夏编辑的慧眼识书,我也表示由衷感谢。我一直信誓旦旦地宣称"不会让各位失望的",不知能否做到。

其余曾见面或未谋面的朋友,在此就不一一致谢了。但我反过来要提醒下:如果哪位在读完本书后想感谢作者的话,别害羞、**别**忘记,请务必在书中找到联系方式。

/ 前言 /

祝贺你翻开了一本与众不同的书。

这是一本宣扬"励志可能无效"的励志书,也是一本宣传"修心没有捷径"的修心书。终于,你遇到了与心灵鸡汤唱反调的书。

其实每次走进书店,我都被摆满大厅的心灵书籍吸引,能感受到迎面而来的正能量:有让人动心的,如"爱拼""要赢""无极限";也有让人静心的,如"放下""淡然""不执着"。倒不是说它们写得不好,应该讲文笔真好;也不是说它们写得不对,应该讲道理都对。但我质疑——理念真的有用吗?

这问题看似幼稚,却并非玩笑——

我们早就明白"不要为打翻的牛奶哭泣"的道理,为什么常为昨天后悔?

我们早就明白"活在今天"的道理,为什么总为明天担忧?

我们早就明白"做自己的本色",为什么却为别人一句话想个半天?

我们早就明白"愤怒是拿别人的错误惩罚自己",为什么还在惩罚自己?

我们早就明白"睡吧,留到明天去想"的道理,为什么大脑仍然拒绝入睡?

显然,道理归道理,头脑即使明白,也未必照办。

试想,如果摆脱负面想法就像领悟一个理念那么简单,那么大家读过一本好书,或看过一部感人的电影,或听过一堂励志课,当时下的决心也很大啊,为什么烦恼还会重来?试想,既然正能量讲了很多,心灵鸡汤天天供应,为什么周围的抑郁还是不散?再想想,如果自我平静就像喝鸡汤那么简单,那么佛陀还需要离家出走,耶稣还需要降临人世吗?

显然,励志如果只停留于理念,效果有限。

各位见过很多速效的广告吧?比如,"30 天让你减肥""30 天让你牙齿变白""30天让你胃口变好""30天开始新的人生""30天情绪控制"等。这些广告并不是虚假宣传，只可惜速效的，往往是短效的；最速效的，也是最容易反复的。

让自己的心平静下来，同样不是速效可以实现的。我不否认，少数非常幸运的人读了少数非常好的书，确实改变了自己的一生。但是，对于大多数人而言，励志的道理就像天空中的白云一样，来了又去，而烦恼也像天空中的乌云一样，去了又来。

记得我有幸旁听过一堂励志课，当快结束的时候，老师问学员："大家今天开悟了吗？"同学们一个个心潮澎湃，左边的站起来发言："老师，我终于明白了一个道理！"后面的站起来说："老师，我终于恍——然——大——悟！"当时我诚惶诚恐，扪心自问是否悟性太差。三个月后我才发现自己并未错过什么，因为再见到以前的学友们时，发现他们该怎样还是怎样：原来发火的继续发火，原来悲观的继续悲观，原来睡不着觉的还是睡不着觉。再没人提"大悟",只剩下了"恍然"。

显然,励志如果只停留在理念,保质期也很短。

因此,我决定写一本与众不同的书。

先说下本书的结构。本书分为两部分:前六章论述"人类不平静的起源",偏重理论,目的是说明:通往平静,没有捷径;后六章说明"平静是怎样炼成的",侧重方法,目的是说明:虽然没有捷径,但自我平静仍有理性之道。

再说下本书的不同。读者会问:"我已经读过不少关于平静的书了,这本会有区别吗?"我想会的,原因很简单:出发点不同,方法就不同;方法不同,结果就不同。出发点哪里不同呢?

首先,这不是一本励志书,因为我以为几句话解决不了烦恼的问题;其次,这也不是一本宗教书,因为不管有没有宗教信仰,都可以获得平静的人生;最后,这更不是一本"口水书",世界上浪费的纸张那么多，没必要增加了吧，除非它能真实有益。

我想写的是一本理性的"有料书"——希望它能讲清楚佛学方法的原理，希望这些原理能带给读者"噢，原来如此"的感觉，希望这种感觉能陪伴读者直到结尾——要求是不是有点高呢？不少朋友希望读"一本有内容的书"，请对此有心理准备。毕竟，内容扎实的"有料书"不会像心灵鸡汤那样容易消化。

最后说下我自己。烦恼是世人的烦恼，当然包括我自己。说来好笑，当初关注平静的话题，就是因为身为世俗世界中的世俗之人，我从年轻时起就脾气较差、很不平静。后来的工作性质决定了我必须采取些心灵自救措施。当然，很多人处在我的位置上，还痛苦并快乐着呢，哪里顾得上什么平静心的锻炼。所谓"烦恼即菩提"，正是烦恼的折磨把我送上了自我平静的道途。

亲爱的朋友，你无意中翻开这本书，就意味着我们之间有种特殊的缘分。

可能你的烦恼无人理解，这并不奇怪，因为一颗多思多虑的心，没有体会的人难以理解；想得太少的人，哪怕是自己的家人和挚友也帮不上忙。

也可能你的烦恼无人倾诉，这也不奇怪，因为真正的不安都深埋在自己心底；即使有人倾听，你也未必愿意倾诉。

更大可能，就像我们开头描述的那样，励志的理念你都一清二楚，只是想寻找如何实现的方法，而这正是我写本书的目的——

愿它成为真心爱你、为你解忧、为你永守秘密的朋友。

金木水

写于南京紫金山

/ 再版序言 /

一个胡思乱想的时代

有人说这是一个焦虑的时代。

更有人说这是一个压力山大的时代。

但我以为,

归根结底,这是一个胡思乱想的时代。

/ 无法停止思考 /

我所指的胡思乱想,虽然包括明显有害的负面思维,但更包括看似无害的过度思考——说白了,就是我们现代人想得太多。

首先是思考的时间太多。每天早上从我们一睁眼开始,思维就像小河那样带我们走过一天[1]。

上班路上,我们开始计划今天要做什么;

办公桌前,我们考虑开会要说什么;

会议中,我们想起晚饭吃什么;

下班到家,和家人相聚的时候,我们回味起上班发生的事情!

白天,这条思维的小河有时缓、有时急,一刻也没停止过。晚上,它总该休息了吧。抱歉,躺在床上,思考仍挥之不去,有些事让人兴奋

---

[1] 我不记得在哪里看到的了,但希望说明"思维的小河"并非原创的比喻。

得睡不着,也有些事让人后悔得睡不着,明天的计划更让人操心得睡不着觉。终于睡着了吧,大脑又开始做梦!

其次,除思考时间太多外,思考强度也很大。前者是连续地想,后者是一心二用。比如,边开车边想着聚会,边聚会边想着逛街,边逛街边想着旅行,边旅行边想家。各位下次在城市的车水马龙中,不妨留意下驾驶员们心不在焉的样子;下次坐公交车、坐地铁时,不妨留意下周围的人若有所思的表情。

这些"太多",当然是与之前相比,还是不久之前。要知道,胡思乱想的爆发不过是工业革命后两百年的事。在之前的农业社会,我们的祖先没那么多内容可想,大概就几头牛、几亩地的事吧;也没那么多时间可想,因为人们大多做体力劳动;更能随时少想,因为人际关系简单,家家自给自足。可现代社会带来了信息爆炸,带来了密集的脑力劳动,更带来了复杂的人际关系和社会分工,即使你躲在家里,总得买菜、买饭、找人维修房屋吧。

如果用数字来说明,"长时间"算线性增长,"高强度"同样,可两者相乘就变成了几何级数增长。比如,古代人平均每天思考四个小时,现代人每天思考十二个小时;古代人平均每小时思考一件事,现代人每小时思考一件半事情。做下乘法,则现代人的脑力劳动就是古代人的十八倍!

与这种长时间、高强度形成强烈对照的是,我们的大部分思考居然是无效的。你看,白天想着晚上的事,结果白天没过好!晚上又想着白天的事,结果晚上又没过好!今天我们在想着昨天和明天的事,结果今天没过好!明天又开始想今天和后天的事,结果明天也没过好!因此,"一心两用"非但没有节省时间,反而降低了每件事情的效率。如果各位回想下前一个小时在想什么,估计想不起什么。但我敢保证,那时各位一定在想着什么!类似地,如果各位回想下前一天怎么过的,估计记不起片刻，但同样我敢保证，各位的大脑片刻也没闲着！因此，长时间的思考也没产出很多，相反，它只助长了我们用脑过度的习惯。

说到习惯，各位注意到了没有，过度思考一旦养成，只会一年比一年加深。最初的不由自主地"想"变成了停不下来地"想"，小河变成了急流。大脑一旦学会了"一心二用"，就有很大的冲动迈向"一心三用""一心四用"。起码，我还没听说哪位朋友过度思考的习惯自动消失。

因此，如果你要我定义"何为适度思考"，我无法办到，但这种长时间、高强度，却无效的习惯性思考，无疑"过度"了。

/ 莫名的焦虑 /

接下来，"过度"是不是真的无害呢？

我以为，它与我们自己、家人、朋友，乃至所有现代人所面临的精神困境不无关系。作为一个广义的概念，精神困境包括精神疾病。但现实地讲，精神疾病只占其中很小部分。远比精神疾病更普遍、也未必算得上病的，是流行于社会的一种莫名的焦虑。

之所以称其为"莫名的"，是因为它没有特定指向。比如我们愤怒，往往因某事而愤怒；比如我们嫉妒，往往对某人而嫉妒；比如我们的贪爱，往往为某物而贪爱。可焦虑呢？如果我们扪心自问对象何在，往往找不到特定的人、事、物。一个焦虑中的现代人，大约感觉必须做些什么事，但又不具体；必须接触什么人，也不具体；必须拿到个什么（学历、资格、资产），却没想清楚拿到后要怎么办。

因此，他或她会"坐不住"，会不由自主地走动，从卧室到客厅，从床上到洗手间，再从洗手间到客厅……他或她还会"等不及"，会不由自主地加快行动，走得更快，做得更快，车开得更快……那么真的赶到目的地后，焦虑就结束了吗？没有，那只是新一轮的"坐不住"和

"等不及"的开始。

莫名的焦虑如此普遍，以至于英裔美国诗人威斯坦·休·奥登的普利策奖获奖作品就把第一次世界大战后的和平时期标签为"一个焦虑的时代"。虽然这个时代的焦虑不同于医学上的焦虑症，但只是程度上不同罢了。普通的焦虑者一旦静处或独处就会躁动、惶恐不安，而医学上的焦虑症患者可能会伴随心跳加速、胸口沉闷、出冷汗等症状，严重的焦虑症患者还有消化不良、肌肉紧张、性欲下降等症状。

问题来了：既然没有特定指向，那焦虑是怎么来的呢？按照弗洛伊德的说法，焦虑来自潜在的恐惧，现代人有太多可失去，所以感到恐惧。他的学生霍妮认为，焦虑来自内心的矛盾冲突，"任何冲动都有激发焦虑的潜在力量"，所以现代人有太多冲突发生。按照克尔恺郭尔的说法，现代人的焦虑来自"自由的眩晕"，现代人有太多的选择，所以感到眩晕。他的后继者罗洛·梅认为，焦虑来自"对个体存在的最根本价值的担忧"，现代人不知道自己为什么而存在，所以担忧其最根本价值。

我认为这些解释都对，但冲突、眩晕、担忧、恐惧不过是过度思考的内容罢了，如果没有过度思考这种形式，也根本无从产生情感。

按照我们中国文字就简单多了。顾名思义，"焦"就是过度，"虑"就是思考，"焦虑"就是过度思考。也就是说，不是焦虑的症状引发了过度思考，而是过度思考引发了焦虑的症状。大脑的逻辑是：当它开始感觉到明天或后天或遥远的未来存在隐患时，就会不安地"想"：赶快逃！于是我们感觉"等不及"。接下来，大脑设"想"了这些隐患的各种后果，一旦发现其中有些后果超出了自己的控制能力，就开始恐惧地"想"：怎么逃？于是我们感觉"坐不住"了。现代人想得太多，又有太多隐患可想，于是莫名的焦虑就传播开了。

/ 莫名的压力 /

　　除了莫名的焦虑外,还有莫名的压力。胡思乱想带来的焦虑更普遍的后果是现代人所承受的若隐若现的压力。

　　若隐的部分是精神上的,若现的部分是身体上的。身体压力固然可能引发精神压力,但对缺乏运动的大多数读者来说,更多的是长期的精神紧张而引发偶然的身体不适。换句话说,我们不要等头痛时才感到压力,也许在此之前压力就早已存在。

　　我能提供的证据就是睡眠。相比我们的祖先有三分之一的时间在睡觉,今天我们大多数人无法享受这种福利,或者睡不着,或者睡不好,或兼而有之。据统计,10%—20%的世界人口需要依赖药物入睡,而入睡后,做梦时间又约占睡眠时间的五分之一之多,浅睡的时间比例更大,真正无梦睡眠的时间越来越少。睡眠时间的问题加上睡眠质量的问题，造成世界上约一半的成年人为失眠所扰。假设压力来自身体，那么疲劳应造成睡多、睡好才对，可现实情况恰恰相反，这说明现代人的压力主要来自精神方面。

那么，精神压力是从哪里来的呢？中医说，"起心动念""消耗元气"。"元气"是什么，至今也没有检测出来。也有朋友在头痛时凭直觉说："我一定死了好多脑细胞。"只是成年人大脑中神经元的数量基本是固定的，并不会被思考杀死。但各位头痛的感觉没错，心理学家威廉·詹姆斯说："上帝可能原谅我们所犯的罪过，我们的神经系统却不能。"事实上，过度思考虽然没杀死神经元，却会产生包括肾上腺素和皮质醇等压力荷尔蒙。它们在我们的身体里上蹿下跳，原本是我们祖先遇到紧急情况时用来当作身心动员的救命药。进化史演变到今天，猎物没有了，人类体内的肾上腺素和皮质醇却聚集起来了。于是，古代的救命药变成了今天的慢性毒药。过多的肾上腺素对血管有害，过多的皮质醇对记忆力有损，时间长了还会降低身体免疫系统的抵抗力。医学数据显示，压力中的患者，感冒的风险是正常人的三倍，患糖尿病、心脏病、高血压、风湿病、胃溃疡、甲状腺疾病的概率都偏高。这就是"压力荷尔蒙"促成压力的产生。

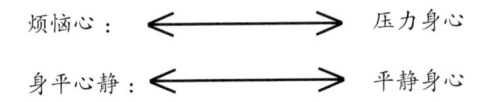

烦恼心： ⟵⟶ 压力身心

身平心静： ⟵⟶ 平静身心

法国思想家帕斯卡有句名言："人不过是一株芦苇，在自然界里属于最弱小的东西，但他是一株思想着的芦苇。"他又说："人们在无休止的不安中度过一生。"我认为，这两句话不无关联：过度思考让人远离了生命本来的感性，就像芦苇远离了阳光、空气和水，它自然不再生长。

结果是，现代人患上了一种奇怪的思考病：想得太多难免引发压力；压力太大难免引发焦虑；压力、焦虑，再加上负面思考，难免引发精神疾病。至于连压力都没有的人，说实话，这么幸运的人，我还没遇到一个。

这还没算上负面思考。可想而知，过度思考越多，负面思考的概率也越大。就像芦苇生长的池塘在恶化，它自然感到不安。

别以为我在抱怨这个时代。这是个胡思乱想的时代不假，但同时也是个物质极大丰富、科技高速发展的时代。我们有幸生活在现在，而非几百年或几万年前，应该感恩惜福。更何况，对大多数人而言，（彻底）改变这个时代也不现实。

我想改变的，并且我们都能改变的，只有我们自己。如何在这个胡思乱想的时代中有效停止无效的思考？至于为什么连这也不容易，咱们还得从头说起。

/ 目 录 /

第一章

不平静的起源

烦恼时才想到平静 — 004

妄念纷飞的当下 — 008

进化的起源 — 011

西方的理论 — 015

东方的思考 — 019

同一个方向 — 024

第二章

念头不是你

念头在哪里 — 029

传统与科学 — 033

奇哉大脑 — 037

分离的意识 — 040

生灭的意识 — 044

念头不是你 — 046

诊治方案 — 051

第三章 觉知

从觉到知	－056
我觉故我在	－059
觉知念头	－064
审核念头	－068
觉知身体	－072
三个流行词	－077

第四章 正见

八万四千把钥匙	－081
感恩	－085
讲和	－091
当下	－095
正见不等于智慧	－100
思维不等于体悟	－105

第五章
为何烦恼重来

"以识破识"的问题 —— 110

潜意识 —— 113

习惯 —— 118

是敌是友 —— 122

修心没有捷径 —— 126

第六章
为何抑郁不散

奇怪的抑郁症 —— 132

精英的烦恼 —— 139

日式的压抑 —— 145

抑郁未发之时 —— 149

第七章
心的锻炼

心的锻炼 —— 152

两种状态 —— 158

两个练习 —— 161

定与觉 —— 163

古为今用 —— 168

第八章

定力

不安的大脑 — 174

太难还是太容易 — 179

从静入定 — 184

定到正定 — 189

定与潜意识 — 195

第九章

觉知力

再说习惯 — 202

做个观察者 — 207

专注地觉知 — 210

正念的生活 — 214

小结 — 218

第十章

生活中"观念头"

一个要领 — 221

两个准备 — 225

观净相 — 229

羡慕嫉妒恨 — 234

观自责 — 238

后悔与忧虑 — 242

第十一章
生活中的"情绪"

何谓情绪	-247
激流中的一叶	-250
观怒火中烧	-253
观悲痛	-257

第十二章
精进

常应常静	-262
生活真是修行吗?	-265
深深地静,淡淡地喜	-270
额外的礼物	-274

尾声

临别寄语	-280
参考书目	-281

第一章

不平静的
　起源

1755 年，卢梭写过一本关于人类的社会关系的书，叫《论人类不平等的起源》。

1859 年，达尔文写过一本关于物种的进化关系的书，叫《物种起源》。

受这两本"起源"的影响，今天我准备以"人类不平静的起源"作为本书的开篇。

好心的读者不免为作者捏一把汗：为什么一上来就参照大师的著作，设置如此高的标准呢？既不是因为方向接近——我们不关注世界、只关注内心；也不是因为我准备追随大师的风格——如果哪位读过达尔文的长篇大论和卢梭的自由想象，一定会发现这次的"起源"要通俗很多。

我胆敢参照的原因只有一个——本书的主题同样重要。试问：与猴子的进化和野蛮人的平等相比，自我平静的人生对大多数人而言，是否更迫切，也更有意义呢？

但显然，本书基于这样一个前提：你希望平静。前提如果不成立，本书对你就毫无意义；前提如果成立，本书对你的意义自然重大无比。要判断清楚，我们就要先定义清楚：什么叫平静？

烦恼时才想到平静

哲学中有条小规则：不定义还好，一定义就会出现混乱，更不用提定义平时想不起来的"平静"。

怎么会想不起来呢？它就好比空气。大家每天呼吸着空气，以至于把空气当成想当然的事，除非自己喘不上气来，否则不会意识到"噢，空气原来存在"。又好比重力，最近有部很受欢迎的科幻电影叫《地心引力》（Gravity），讲的就是失去重力的故事——大家每天生活在重力之中，觉得那么自然，甚至有些枯燥，直到有一天飞到太空，这时航天员拼命地去抓、疯狂地去抓，却抓不到那个大家习以为常的重力！

心的平静，就是这样一种感觉。舒适的时候我们忽视它，烦恼的时候我们寻找它，当我们焦虑、不安、吃不下饭、睡不着觉的时候，我们才忽然意识到："平静哪里去了？"所以，与其定义平静，还不如从它的反面入手来得简单。

平静的反面，就是烦恼，包括负面念头和负面情绪。

现代人的负面念头有个长长的名单：忧虑、悔恨、猜疑、自责、嫉妒、头脑爆炸……现代人的负面情绪也有一个长长的名单：愤怒、悲伤、痛苦、急躁、浮躁、焦虑……此外还有一种难以归类的、对一切都不感兴趣的烦恼，叫作忧郁。

烦恼没有年龄限制。从上学起，我们就开始了关于同学、老师、学业的牵挂；走进社会，先是遇到爱情，然后是车子、房子、票子的问题；步入中年，则肩负起爱人、子女、父母的三座大山。好不容易完成了这些重任，烦恼消失了吗？没有，我们又开始关注病痛和死亡。

烦恼也没有贫富贵贱之分。如果说票子、房子、车子都是普通人操心的事，那精英们应该没烦恼吧？不，看似强大的思维，既可能是他们的朋友，也可能是他们的敌人。如果某天负面思维控制了大脑，精英们烦恼起来比常人更执着！

这是我们永远不会迟到的功课，却也是我们无法请假的功课。

除了真烦恼，我们还要区别一下假平静。

有一种是外人在场时表现得很好，在单位里更是古道热肠，可回到家，面对爱人、小孩、父母的时候，反而很容易情绪失控，当然事后又开始后悔！再比如，大多数时候表现得很好，只是不能遇到自己的"死穴"，一旦遇到这种死穴，或者怒火腾地冒起，或者羡慕嫉妒恨全来，平时理智的自己变成毫无理智的"不像自己"的自己。

还有一种是退隐山林式的平静。对现代人来讲，其实已经无处可隐了——野生动物都难找栖息地了，现代隐士们就更难了——别的不说，税务单位、区公所、民政局、卫生局……都是不会让你"隐"下去的。如果庄子活到现在的话，也难免要去这些机构登记吧。更何况，隐士是一种心境，不是一种环境。有了平静的心，即使在社区、商场，也算大隐隐于市；而怀着一颗经不起诱惑的心，即使搬到深山，一有风吹草动就会心绪不宁。因此，躲避不是办法，无论是躲进庙宇、避风港，还是另一个世界。因此我们要的，不是外表的平静，不是与世隔绝的平静，而是在不平静的生活中寻找平静。按说目标够高了吧？不，有些朋友觉得不够高，他或她会说：我要的不只是平静，更是快乐。何为快乐、如何快乐，应该留到最后再讲，但此处不妨先列清逻辑：第一，有快乐就有不快乐；第二，从不快乐到快乐得先经过平静。结论是，两者并不矛盾——想要快乐，先要平静。

其实，不仅上述朋友，就连我自己，也觉得目标不妨更高——让我们在"平静"前面加上"自我"两个字，变成"自我平静"。——听起来是否有些过分？这次我不仅以为不过分，而且以为很必要！当人们心情无法平静的时候，总希望找人倾诉，结果形成一种依赖。问题是世界上没有人可以绝对依赖，即使我们愿意绝对信任某个人，也无法确保这个人永远存在。在人生道路上，每个人都会独自面对终点。

说到"自我",就以自己为例抛砖引玉吧。应该讲,我的人生经历还算丰富——先是上过很多年学,和形形色色的考试打交道;后来又办了很多年企业,和形形色色的人打交道;近来又开始写作,与形形色色的文字打交道。是不是父母送我走上这些不同的轨道呢?我只能说,感谢父母提早打消了我依赖的幻想。

记得二十多年前,我只身一人去美国留学时,带上飞机的不是对远行的兴奋、对学业的憧憬,而是对未知的恐惧、对未来的茫然。恐惧与迷茫中的安慰,是母亲的那句话:"鼻子底下有嘴,不会自己去问!"凭着这句话以及鼻子和嘴,承蒙上天的厚爱,后面的人生都被我跌跌撞撞地问出来了。今天我也把这个称不上妙计的锦囊与你分享。

明确了平静的目标,接下来,我们将从不同的角度,来看看"不平静的起源"。

妄念纷飞的当下

第一条线索来自生活。

仅仅凭借观察,我们就会发现烦恼有一个特点——它与思考密不可分。

想想看:在烦恼的时候,我们在做什么?答案一定是"思考"。

再想想:有什么时候我们焦虑不安,却没在思考吗?答案一定是"没有"。

结论是:思考未必烦恼,但烦恼必然思考。

思考并不是坏事。相反,它造就了人类的伟大。柏拉图定义思想为"灵魂的自我对话",牛顿将自己的成就归功于"精细的思维",恩格斯将一个民族的高度等同于"理论思维"——作为人类的一员,我们都以爱思考、会思考为荣。

但思考也不总是好事。判断好坏的标准很简单:如果它带给我们快乐,当然可以继续思考;但是,如果它带给我们烦恼,就不该思考了。

当想停止思考却无法停止时，各位就能体会到——有一种烦恼叫妄念纷飞。

各位有过这样的经历吧。

深夜，大脑应该入睡却拒绝入睡，不仅毫无困意，反而异常活跃。起先是某个难以释怀的念头，好似口香糖一般在大脑中挥之不去。记得自己多少次把它用力地扔出，结果多少次回头发现，"口香糖"还粘在那里。这只是个开始，念头会一个接一个地跑出来，想停也停不下来。到后来，大脑中入驻了相互矛盾的念头：一个在狂奔，一个在叫停。狂奔的那位主角在为过去的一天懊恼："唉，这件事没办好！"又为没开始的一天忧虑："唉，别人会怎么看我呢？"直到想得头疼时，叫停的配角才出来说："别想了，太累了！"但即使我们试图转移注意力，也不会有太大的作用，因为原来的声音又会出现："不行啊，还是放不下！"有人把念头在大脑中打转形容为"天人交战"，其实这与天、人都没什么关系，不过是念头把大脑变成了战场。

除了晚上想，白天更在想。比如某天在单位，你冲几个聊天的同事招手示意，可同事们正聊得兴起，以至于没注意到你的出现。这时念头已经不由自主地冒出来了："为什么故意不理睬我呢？不会在谈论我吧？"虽然表面平静，心里却烦了很久。

除了念头在想，情绪也在想。比如某次在路上，不知从哪里冒出一辆车，忽地插到你的车前，其实那个司机在打电话，根本没注意你在旁边。但这已经让人怒火中烧，念头一个接着一个冒出来："这么不守公德，撞上了后果多可怕，最好教训下这个家伙……"前面的车早已不见，自己还越想越气。

这些"想"，都不是正常的"想"，而是烦恼。这个时代常常被称为"一个焦虑的时代""一个压力山大的时代""一个失眠流行的时代"。对都对，但焦虑、压力的背后是什么呢？是思考。

思考带来了念头和情绪。

大家都知道《东周列国志》中"二桃杀三士"的故事吧，其实桃子哪有这么大威力，看看三位勇士中，一位是因没吃到桃子愤怒而死，一位是因早吃桃子悔恨而死，一位是因自觉羞愧而死。分析起来，其中既有负面的念头，也有负面的情绪。

负面念头让人不安，好似慢性毒药；而负面情绪让人发狂，更像定时炸弹。如作家李敖说："定时炸弹爆炸前，表面最平静。"听起来，是不是很像爆发前的自己？虽说危害都很大，但归根结底是要控制好负面念头。为什么这么说呢？念头未必伴随着情绪，而情绪一定伴随着念头。因此，无论哪种烦恼，背后总有一到无数个烦恼的念头。

进化的起源

第二条线索来自进化史。哲学家霍姆斯曾说:"遗传是一辆公共汽车,里面坐着我们的祖先。不时会有人伸出头来使我们感到难堪。"没错,要追溯我们的烦恼,就要追溯祖先的烦恼;而要追溯他们的烦恼,就要了解他们的生活状态。

各位看过一部叫《疯狂原始人》(*The Croods*)的电影吧。画面以一场接力赛开始:我们的老祖宗全家出动去抢一个鸵鸟蛋,老爸首先偷蛋得手,不幸的是,鸵鸟发现后开始狂追,奔跑中的老爸将蛋传给了小弟,小弟传给了小妹,小妹传给了老奶奶。

最终全家虽然躲过了鸵鸟的追袭,却在狂奔中打碎了鸟蛋,结果每人只分到了可怜的一点点蛋白!一点也不夸张,这就是我们祖先朝不保夕的生活写照。人类学家把它总结为三个"F"开头的英文单词:Fighting、Feeding、Fleeing,即战斗、吃饭、逃跑。不是在厮杀,就是在逃亡,连享受胜利果实都提心吊胆。

同样不夸张地说，提心吊胆成了我们祖先必不可少的预警机制。想想看，他/她/它们从树上下来开始，就面临一种前所未有的危险：在广袤的非洲大草原上，天然屏障不复存在，狮子、野狗四处游荡，那时的露西会不会兴高采烈地，或心平气和地，或哼着小曲地落地呢？不。她必须战战兢兢地开始直立行走！

事实上，环境越危险，最早的人类就越提心吊胆；而越提心吊胆，人类大脑中的警报就应该拉得越响才对。就像神经科学家桑德拉·阿莫特所描述的那样："我们不是故弄玄虚，但过分轻松的心情的确会产生对你不利的影响。在这个充满各种危险的世界上，担忧有利于人类的生存。"[1] 可以设想，如果预警带来的是快乐或平静的话，那也没今天的我们了。

有朋友可能会说，动物也有预警机制啊。没错，如果你去动物园，靠近任何一个动物，本来悠闲的它们就会立即警觉起来。如果是小鹿之类的食草动物，它们会站定，耳朵会竖立，眼睛的余光会关注你。如果是老虎之类的凶猛动物，理论上你应该害怕吧，可它们也会露出一种杀气腾腾的警惕。动物对环境做出反应，凭的是直觉。

人类则不同。人类对环境做出反应有直觉，但主要靠的是思考。人类学家戴蒙德比较了三点。

---

[1]（美）阿莫特、王声宏著，刘宁译：《大脑开窍手册》，中信出版社，2009年版，第130页。

首先，人类能思考不在此刻的事物。相对于动物只能判断当下，人类却能判断过去和未来。你看过《动物世界》中的非洲草原吧，羚羊本来在悠闲地吃着草，一旦出现了狮子，它们能在几秒钟之内从起跑到狂奔。一旦狮子的威胁解除了，羚羊们会就地停下来并开始吃草，像什么也没有发生过似的。它们的判断来得快，去得也快。

相比之下，人类的大脑会去忧虑未来：狮子虽然不见了，但明天是否还会出现？或者，是否我明天该换个时间出没？人类的大脑还会反思过去：为什么刚才的狮子没被及时发现？或者，我能从刚才的情况中学到什么？人类的预警机制跨越了直觉的时间限制。

其次，人类能思考不在此地的事物。相对于动物只能根据感觉判断，人类却能够分析看不到、听不到、闻不到、尝不到、触碰不到的事物。比如，猩猩也有简单的语言，但科学家从猩猩的"语言"中发现它们单词太少，没文化不说，而且内容贫乏，仅限于眼前的食物或威胁。相比之下，我们的祖先在遇到狮子时会想：山的另一边有没有狮子呢？森林的外边有没有平原呢？即使一个智商再低的人，在山洞里也能想象出"太阳快落山了"或"去年起过火"。人类的预警机制跨越了直觉的空间限制。

最后，人类的思考不仅超越了此时此地，甚至超越了物质世界。虽说群居动物也具备简单"读心术"，比如猴子和狮子都能解读同伴是否喜欢自己、酝酿什么威胁，人类具备超复杂的"人际关系"，甚至复杂到另一个世界。比如，我们的祖先看到黑夜，想象出祖先从夜幕中降临的样子，又如后来的人类制作图腾，崇拜各种妖魔鬼怪。人类的预警机制跨越了直觉的想象限制。

因此，最初烦恼肯定是好事。人类没有老虎、狮子锐利的爪子，也没有羚羊轻盈的奔跑速度，但他们的大脑具备的"快进"功能让他们不断从过去的经验中学习，"回放"功能让他们不断去为未来的目标做出规划，"想象"功能追寻"自我"和上帝。最初作为防御武器时，烦恼让我们的祖先在自然界生存了下来，而最终演变为杀伤性武器时，烦恼让人类成为万物之灵。

可进入近代社会后，我们祖先面临的威胁已经不复存在了。过去的百兽之王狮子、老虎，沦落到了濒临灭绝、寄"人类"篱下的境地，持续烦恼的负面作用就显现出来了：后悔、恐惧、猜疑、自责、悲伤、嫉妒、责备。动物们也紧张，但在威胁解除后，它们会立即松弛下来，这就是很少听说动物患有胃溃疡、失眠、神经衰弱的原因。各位一定见过猫高弓着背准备战斗的样子，但你见过哪只猫每时每刻都保持这种弓背的状态吗？没有。只有猫的主人才能做到。为什么呢？直觉带来的紧张消失得很快，但思考带来的烦恼则连续不断。

对我们人类而言，可谓成也思考，烦也思考。

西方的理论

第三条线索来自心理学。

我们讲"有一种烦恼叫胡思乱想",估计没有争议,但如果我引申一步说"全部烦恼都是胡思乱想",各位就未必认同了。

"不对啊,"你会反驳说,"很多烦恼是真实存在的,比如我要买房、买车,家人需要照顾,子女需要上学,工作需要升迁,等等。"一点不错,甚至我可以补充些:感情纠葛、柴米油盐、人际关系、社会不公等。根据西方心理学中的认知疗法,它们不等于烦恼——这些事物真实存在,但大脑的解释不真实。

说起认知疗法,我们先简单回顾下现代心理学的发展历程。很多人没有意识到,现今如此流行的心理学很晚才作为一门科学从哲学中分离出来。以1879年冯特在莱比锡大学建立世界上第一个心理实验室为开端,心理学发展至今才一百多年的历史。

作为心理学的应用分支,心理治疗的历史更短。1900年,弗洛伊德在一片质疑声中，以探究人类灵魂深处的潜意识来治疗精神疾病，方法是让病人躺在椅子上自言自语、自由联想，医生不负责回答，只对病人谈话背后的信息加以分析。在弗洛伊德之后，这种启发式的"精神分析"逐渐占据了心理治疗的主流。直到20世纪50年代，三位心理医师埃利斯、贝克、梅肯鲍姆提出了一种更直接的方法：医生不再启发，而是直接质疑患者的思维并——纠正认知。

据认知疗法的主要创始人艾尔伯特·埃利斯所述，认知疗法的基础源远流长，一直追溯到古希腊哲学家埃皮克提图的名言——"人不是被所发生的事所困扰，乃是被对该事的看法所困"。沿此思路，埃利斯提出了广为人知的ABC理论，用A、B、C三个字母代表认知中的因果关系：A代表外界的诱发因素，即不幸事件；B代表对该事件的认知，即大脑的解释；C代表该事件引起的结果，即情绪和行为。

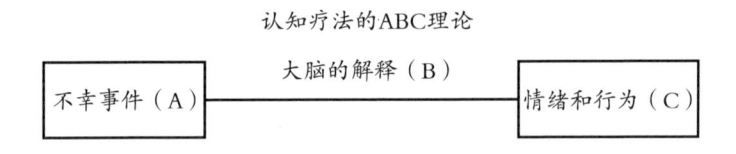

认知疗法的ABC理论

不幸事件（A）——大脑的解释（B）——情绪和行为（C）

埃利斯指出：在心理治疗中，人们往往把精神疾病（C）归咎于外界原因（A），而忽视了自己的认知（B）在里面所起的解释作用。"不管病人的想法多么强烈，都不能证明某事一定是真的"，埃利斯举了一个形象的例子,"比如病人认为自己是一只袋鼠,感觉自己就是,而且围绕着家具像只袋鼠一样跳个不停,但这些都无法证明病人真的就是袋鼠!"[1]治疗的关键,在于纠正认知中的非理性信念。

埃利斯总结出十一种(后来扩展为五十种)不合理、不现实的认知——我们很容易在头脑里找到它们的影子。

* 绝对要获得生活中重要人物的喜爱和赞许。

* 在人生中的每个环节和方面都能有所成就。

* 人不能犯错误,否则就得受到严厉的谴责和惩罚。

* 人不能遭受挫折,要按自己意愿发展事物。

* 人对自身的痛苦和困扰无法控制和改变。

* 面对现实中的困难和责任采取逃避行为。

* 过分忧虑、担心危险和可怕的事。

* 人必须依赖别人,缺乏独立性。

* 过去的经历和事件对现在生活的影响是永远无法改变的。

* 过分关心他人的问题。

* 坚持寻求一个完美、正确的答案。

就我们的主题而言,认知疗法的 ABC 理论细化了烦恼的过程,揭示了烦恼并非像假设的那样自动产生,没有错误。相反,**烦恼是经过大**

---

[1](美国)艾尔伯特·埃利斯著,卢静芬译:《克服心理阻抗:理性—情绪—行为综合疗法》,化学工业出版社 2011 年版,第 14 页。

脑的认知过程才产生的，并且中间经常出错。

即使不用"出错"一词，不可否认的是，不同的人对同一件事情认知相差很大。比如大美女"冰冰"，在我们的眼里很性感，但在老虎、狮子的眼里只是美食，在外星人的眼里可能更像一个怪物——少数人类也难免赞同外星人的观点。在这三种情况里，"冰冰"并没有什么不同，三种认知却很不同。

就连同一个人对同一件事情，认知都相差很大。比如同一个你，对同一个老公，如果今天你心情好，就觉得他的错误都可以理解；而明天如果你心情不好，就会觉得不仅今天的错误无法原谅，甚至连昨天的错误也记起来了！

其实，我们相差很大的人生，何尝不是取决于认知？有的人每天充满感恩，有的人则每天充满怨恨。一生尽享荣耀的拿破仑不满于一生中"找不出六天快乐的时光"，而天生没有手脚的力克·胡哲却满足于"我那好得不像话的人生体验"[1]。你我的生活，既没有拿破仑那么荣耀，也不像力克·胡哲那样残缺，那么你我是如何认知的呢？

显然，来自西方的理论对我们解释烦恼的来源很有帮助。但如果我告诉你，这样的理论，早在两千六百年前已被别人说过一遍，你必然诧异、错愕！没问题，我会出示证据的。

1（澳）力克·胡哲著，彭惠仙译：《人生不设限》，天津社会科学院出版社2011年版。

东方的思考

第四条线索来自佛学。

说到烦恼和平静,我们还没提及一个人,他是理性思考此话题的第一人,但他和他的学说都常常被误解为神秘,这个人就是佛陀。

佛陀的本名叫乔达摩·悉达多(前563年—前483年),大约与我国的孔子、老子以及希腊的苏格拉底生活的年代接近,在创立佛教后被尊称为佛陀,在入灭之后又多了很多名字——释迦牟尼、世尊、如来、等正觉、明行足、世间解、佛等。

之所以说佛陀常被误解,我想有三方面的原因。

一是他不是神,却被崇拜为神。说来奇怪,也说来话长,佛陀生前反对崇拜偶像,更反对以自己作为偶像。如果有人反问我,现在寺庙里供奉着什么,我只能说原始佛经中根本找不到供奉这回事。所以在本书里,我们以佛陀为智慧之师,就像老子与孔子那样。

二是他跨界理性与神秘。虽说这有利有弊,但对理性来讲,肯定弊大于利,因为别人总以为他是教主,反而忽视了其理性的思考。

三是他的语言太复杂、太深奥、太久远,后世的弟子们也不敢擅自改动。仅仅由于不受宗教限制,本书才敢简化、通俗化、现代化。其实对大多数读者来讲,简化版、通俗版、现代版已经足够,相信佛陀一定会支持这种与时俱进的努力,尽管(少数)他的弟子未必同意。

佛陀易被误解,佛教就更是如此。

一提到佛教,很多人就想到了迷信——"那不是烧香拜佛吗?"也对也不对。佛教常提佛、法、僧三宝,其中——

"佛"与"僧"的部分对应宗教,在信仰上包括拜佛、轮回、崇拜,在组织上包括僧团、法会、仪式——与本书内容不太相干。

"法"的部分对应义理,包括人生观,如"四圣谛";世界观,如"五蕴";实践论,如"八正道"——与本书内容密切相关,也称作佛学。

要想一眼看出佛教和佛学的区别,最好到访我家。客厅属于佛教的区域,我太太在那里念《心经》《金刚经》《楞严经》《阿含经》《大悲咒》,还烧香叩拜,每天弄得客厅里烟熏雾绕。佛是她的信仰,她是佛的信徒,她生活在信仰的平静之中,从来不需要本书的建议。而在我家的另一端,书架属于佛学的区域。我相信佛陀的学说,主要因为它不完全是宗教。

在我看来，佛教的生命力源于其理性，这与其他宗教有很大区别。相比基督教、伊斯兰教、犹太教的成功，除了理念因素以外，更要归功于神的感召及教会的管理。

佛学的智慧，始终带给人类经久不衰的心灵安慰。

我们先抛开佛教，只谈佛学。

什么是佛学的主题？

我们知道，历史上的每个哲学家都有自己的主攻方向。比如孔、孟专攻"入世"，老、庄专攻"出世"，苏格拉底专攻"良知"，柏拉图专攻"理想世界"，**而佛陀的专攻方向，则是烦恼与平静。**

就是这本书的主题的那个"烦恼和平静"？没错，并且有据可依。佛陀用"四圣谛"来统筹自己的理论，即"苦、集、灭、道"四条——"苦"包括身苦与心苦，前者已被现代人视为自然规律，后者通俗地讲就是"烦恼"；"集"是烦恼的升起；"灭"是烦恼的消灭；"道"是走向平静之道。佛陀的目标不仅是平静，更是寂静，这当然要深刻很多，但我们这些世俗之人先达到寂静的一半——平静也好。

进一步追问：佛学让我们如何平静？

烦恼和平静的主体都在于生命，可细想一下，还真是很难定义生命。在佛陀看来，生命不外乎五种组成（五蕴），即物质（色）、感受（受）、判断（想）、指令（行）、整体意识（识）。如下表所示——

五蕴：生命的组成

色	1.物质：比如身体和外界
受	2.感受：比如身体感觉到的酸甜、苦辣、冷暖、疼痛
想	3.判断：比如认知、见解、思绪、想法、回忆、预期的念头
行	4.指令：比如想拥有、想逃避的念头
识	5.整体意识：比如内心产生的平静感或烦躁感

举个例子来说，在写这段文章时，我瞥见了床上放着一个包装精致的盒子（色），于是有心中一亮的感受（受），接着产生了好奇心，"是谁放在那里的呢"（想），再下来的反应是"我想过去仔细看一下"（行）。就这样，我暂时脱离了写书的痛苦，进入一种整体的喜悦（识）。整个过程像是在一秒钟内完成的，但细分则确实包括这五个步骤。经查，那个盒子是我女儿送给我的礼物，怪不得我的直觉就是欣慰。

相反的情况——烦恼，它的产生其实与欣慰相似，也是生命五种组成的推进：首先外界与身体产生了接触，接着引发了感受、判断、反应，最后形成了整体意识[1]。用图大致示意如下。

---

[1] 严格来讲，每个步骤都有"识"的参与。

五蕴理论：

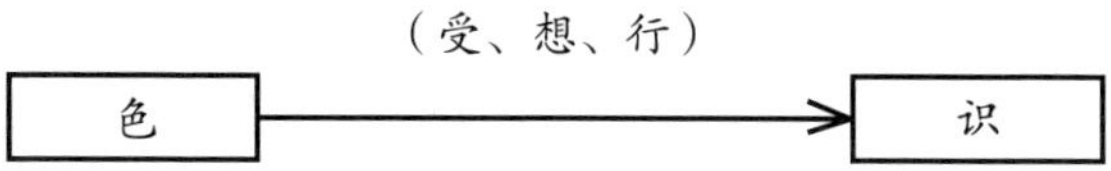

```
                （受、想、行）
    ┌─────┐ ──────────────→ ┌─────┐
    │  色  │                  │  识  │
    └─────┘                  └─────┘
```

合并一下并翻译成白话：

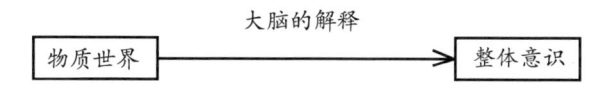

```
                大脑的解释
    ┌─────────┐ ──────────→ ┌─────────┐
    │ 物质世界 │              │ 整体意识 │
    └─────────┘              └─────────┘
```

咦，怎么看起来如此眼熟？没错，这就是刚讲过的认知疗法的公式。让我们再对照一下：

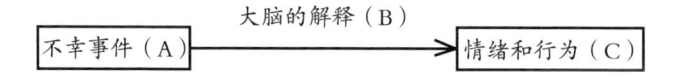

```
                大脑的解释（B）
    ┌──────────┐ ──────────→ ┌──────────────┐
    │ 不幸事件（A）│           │ 情绪和行为（C）│
    └──────────┘              └──────────────┘
```

"五蕴"中的"色"对应认知理论中的诱发因素（A）——妄念的促因；"受、想、行"对应认知理论中的大脑解释（B）——妄念本身；整体意识"识"对应认知理论中的烦恼（C）——妄念纷飞的结果。除了比认知疗法中的 ABC 理论要早几千年外，别的我没看出什么差别！

倒不是要替佛陀争优先权，我只能说英雄所见略同，早在两千六百多年前，佛陀就已经得出了和西方心理学家同样的结论。

同一个方向

看来东西方的智慧不谋而合,再加上生活的观察、进化的起源,所有线索都指往同一方向:烦恼意味着"烦恼的念头"。

我们能否下结论说"念头是不平静的起源"呢?不能,起码现在还不能。因为这个结论是不完整的,它的正命题——"有烦恼就有念头"——成立,而它的否命题——"没烦恼就没念头"——不成立[1]。

否命题的问题出在:选项不止一种。

比如,前面柴米油盐、票子、车子、房子的例子中,环境是不是我们的烦恼呢?既是也不是——说它们是,因为如果没有这些诱发因素(A)就没有烦恼(C);说它们不是,因为中间还必须经过大脑的解释(B),如果没有错误的解释(B),也无法形成烦恼(C)。

再举个例子,某"学霸"同学考了90分(外界因素A),却备感

---

[1] 如果把"A则B"作为一个命题,其中A是条件,B是结果,则可以延伸出另外三个命题:逆命题:B产生A;否命题:非A则非B;逆否命题:非B则非A。其中,只有逆否命题是与原命题同真同假,而逆命题和否命题都与原命题的真假无直接关联。对应本书的例子,如果命题"烦恼意味着胡思乱想的念头"成立,那么该命题的逆否命题"没有胡思乱想的念头就没有烦恼"也成立;但逆命题"胡思乱想的念头意味着烦恼"和否命题"没有烦恼意味着没有胡思乱想的念头"未必成立。

自责（烦恼结果 C）。为什么呢？因为这位同学觉得"100 分才算成功，成功才能快乐"（错误认知 B）。那么显然正命题成立：烦恼意味着错误认知的存在。但否命题呢？是否消除烦恼一定要纠正认知才行？未必，这位同学既可能改变了认知——比如转变思维，"不需要成绩也可以成功，不需要成功也可以快乐"；也可能改变了成绩——比如下次真考了 100 分，那么即使错误认知不变，他同样不需要自责了。

两个例子都说明，要摆脱烦恼，既可以通过解决问题实现，也可以通过纠正认知实现。此外，还有一种非常规的方法——某"学渣"同学最爱用的方法——撕掉试卷、蒙头睡觉，对问题视而不见，在学校里叫作逃学，在生活中叫作逃避。

看来，摆脱烦恼有三种选择——解决问题、纠正认知和逃避。其中，"解决问题"在消除环境因素 A；"纠正认知"在消除念头因素 B；而"逃避"在消除问题本身。

要堵上否命题的逻辑漏洞，我们就要证明：尽管有三种选择，纠正认知仍是其中的最优之选。

首先可以排除的是逃避。因为它在直觉上最消极，我们留到实修开始之前再讲，那里是各位最容易逃避本书之处。

其次要排除的是解决问题。这可不太容易，因为它确实是摆脱烦恼的途径之一——如果环境改善了，那忧虑、自责、后悔、愤怒、嫉妒就也都消失了，我们也不用控制念头、控制情绪了。

亚里士多德提出过解决问题的三个步骤——了解、思考、行动。但不确定性在于：第一，总有无法预测的问题，因而让人无从准备；第二，总会有解决不了的问题，没有哪个人的运气能好到无往不利；第三，在人类历史上，虽然出现过无数自命不凡的伟人，但还没有哪位能预测到所有问题，更不用提解决所有问题。因此两千多年来，并没有多少人因亚里士多德的三个步骤而减少烦恼。

可时至今日，"解决问题"仍是精英朋友们最惯用的方法。比方说，为业绩下滑而烦恼？那抓业绩就好！为收视率下降而担心？那宣传就好！为升职遇阻而抑郁？那找关系就好！万一遇到一个过不去的坎呢？那就要读本书为"精英的烦恼"准备的专题了。

不用说精英，即使对一个普通人来说，改变外部环境似乎也是摆脱烦恼的最快途径。比方说，谁买房子缺钱，如果突然中了个彩票，问题就解决了！谁苦于找不到物件，如果突然天仙上门，问题就解决了！谁成名无门，如果突然被星探发掘，问题就解决了！可这些"如果"的概率有多大呢？也许有朋友会说："就算碰巧，也是好事。"没错，但烦恼还会再来。这就要求我们去学习一种抗烦恼的能力。

"你的意思，是不用解决问题，只要纠正认知就行了？"不，我的意思是两者并不矛盾，一边解决问题，一边纠正认知，但根本在于后者。

为什么这么说呢？前者也与后者有关，想想看：要解决问题，除了天时、地利、人和等环境因素外，还需要智慧——有智慧才能事半功倍。智慧从哪里来呢？来自正确的认知。

所以，我们可以得出结论：摆脱"烦恼的念头"虽然并非唯一途径，但它仍是摆脱烦恼最现实的选择！

用一句话总结本章的内容就是：烦恼源于胡思乱想的念头。

看来，要找到不平静的起源不难，难的是：为什么这个"不平静的起源"去了又来？更难的是：如何让"不平静的起源"不再重来？

要回答这两个问题，我们要继续追踪本书的主角——念头。前六章，我们将熟悉它的来龙去脉；后六章，我们将与它斗智斗勇。能否获得一个智取魔头的大圆满结局呢？请拭目以待。

第二章

念头不是你

念头在哪里

大家都听说过 $E=MC^2$ 吧,这是核聚变的原理,太阳燃烧的秘密,今天每个中学生都学过的物理公式。在某些领域,人类的知识进展惊人;但在另一些领域,我们却所知甚少,而意识就属于这种神秘的领域。

意识涉及自我,后者是前者的主体。如何用科学的方法来解释自我,已被包括《时代》杂志在内的众多媒体列入 21 世纪最值得期待解决的课题之一,不出意外的话,也将被列入下个世纪的人类课题。

意识也涉及大脑,后者是前者的发生地。一个在物质世界,一个在精神世界,它们不仅性质不同,还被世界上的两拨人用两种方法研究着:大脑是科学家的地盘,他们深究细节;意识则是心理学家、哲学家、宗教人士的最爱,他们相信整体。方法上的南辕北辙,注定了两拨人各说各话,害苦了两边都听的求知者。

我们一口气提到三个概念——意识、自我、大脑,其实都是为了一个目标——找到念头。逻辑很简单:既然第一章已经分析出"不平静的起源"在于念头,那么只有找到念头,才能找到针对它的办法。

让我们评估下这三条线索:念头与"自我"有关,念头出没于意识,念头出没于大脑。

可能一:能在"自我"中找到"念头"吗?

它们都够神秘的,神秘到分不清谁是谁的地步。在我提醒各位之前,各位当然认为念头就是自己。这还不是一时的想法,而是人们几十年都这样认为;也不是某一个人的想法,所有人都和自己的念头难分难舍。我们每天说话的时候,不知不觉提到无数次"我",连这本书中,都不知道出现过多少个"我",它在我们清醒的时候在,在我们睡眠的时候也在,从我们生命开始直到生命结束一直在。

各位一定听说过"我思故我在"吧,当法国哲学家笛卡儿说这句话的时候,他认为世界上的一切都是值得怀疑的,只有"我"真实存在。在东方,佛教也曾有"天上天下,唯我独尊"的说法[1]。这个看似无可置疑地存在着的自我,究竟在哪里呢?看来,我们最好具体到某个流程。

可能二:能在意识中找到念头吗?

即使能,也要费番功夫,因为意识远比我们想象的复杂。举个例子吧,我们常说的"我在想"三个字,其中每个字都不简单。

首先主语"我",刚刚讲过,就堪称世界上最神秘的概念。

---

[1] 据《大唐西域记》中记载,释尊诞生时,向四方行七步,举右手而唱咏之偈句:"天上天下,唯我独尊。"或为传说,或为比喻,请读者鉴别。

其次副词"在",看似简单,却并非单一步骤。要了解这个"在"是怎么发生的,我们就要细分意识,问题是,意识可否分解?如何分解?当一个念头滑过脑海时,难道不是"一个"完整动作吗?

最后动词"想",也有不同类别:是思维,是情绪,是记忆,还是感觉?它们是人为划分出的概念,还是相互独立的事物?假设它们独立,是否各行其是?假设它们不独立,那控制中心又在哪里?

对意识的复杂性有些感觉了吧,别着急,看来流程还不够具体,我们最好再具体到某个位置。

可能三:能在大脑中找到念头吗?

似乎相对容易一些。医学早已揭示:大脑是念头的物质基础——人体的神经系统由大脑、脊椎和周边神经组成,其中,周边神经遍布全身,负责信号的采集和发布;脊椎负责中间传输;而所有信息的集中处理都在大脑。

科学家们对"从大脑中找念头"举双手赞成,自有考量:先从直觉上,虽然科学家们经常为如何解释某个研究喋喋不休地争论,但当他们用手摸着自己大脑的时候,很难问"脑"无愧地否认它的地位。再到方法上,意识看不见、摸不着,而大脑看得见、摸得着;意识无法定量,而大脑可以定量。

想象一下,如果能在实验室中找到感觉、思维、情绪、记忆,我们的烦恼问题就拜托外科医生的手术刀了，接下来分解、定位、清洗、切除！虽然听起来很幼稚，却也无法忽视：谁能保证科技发达的未来，不会发现"烦恼基因"之类的东西呢？

在最终决定如何寻找念头之前，先说明下本书的立场。

传统与科学

听起来有些夸张：意识有关立场。

举例说明吧，我以为科学发展到现在，类似"意识的中心在哪里"的问题应该无须讨论了，但在近年的国学浪潮中，很多玄而又玄的概念又被重新提了出来，也搞不清是来自中医，还是来自宗教，比如什么意识"在丹田""在玄关""无所不在"，甚至什么意识"隔空发功""隔空治疗""隔空感应"。一时间，这个不是问题的问题又成了问题。

放到古代，这倒不是一个中国独有的观点，比如古希腊时代的亚里士多德也认为心脏有意识功能，而大脑只起冷却作用。考虑到这位哲学大师从希腊时代到中世纪都占据着欧洲的理论高地，他的错误如同他的贡献一样影响深远，证据就是我们仍然在英文中看到"勇敢之心"（brave heart）等精神境界的描述。但时至今日，这种观点在国际上早已让位给科学了。

如何面对这股复古浪潮呢？本书的态度是以科学为准。尽管我们承认未知世界，也尊重宗教情怀，但立足于人类现有的科学知识，本书认定大脑为意识的中心，即念头、情绪、记忆、感觉、觉知等精神世界的发生地。

尽早澄清是因为，本书从本章开始，将遇到一些传统文化和现代科学的矛盾。这种古、今、中、西之间的矛盾在其他领域并不常见，即使遇到了也容易解决。可但凡涉及意识，争议就变得很常见，还经常演变为论战，因为这是一个古今中外共同关心、方法不同、尚无结论的话题。

先看共同关心。按说我们和下一代谈话都有代沟，和老祖宗之间更难沟通，可凡事总有例外，人们对意识的关注，跨越时代，古老而永恒。

再看方法不同。古人偏重哲学和宗教，而现代人偏重科学和心理学；古人用古文，而现代人用白话文。上千年的逻辑差异、文字差别，很容易造成混淆，别说原文，就连翻译都会引起很多争议。可以想象，如《圣经》《希腊哲学史》、佛经、诸子百家等经典，历经了多少辗转才流传至今，在感恩珍惜的同时，我们又不免悄悄怀疑：哪些是本意，哪些是引申意？

最后结论是——尚无结论。我们既不能忽略祖先的智慧，又不能漠视现代科学的发现，如何处理两者之间的矛盾之处呢？最好明确下规则吧。

我把本书的立场总结为两点，希望能得到读者的认同：一是"古以今准",二是"古为今用"。后一点相对容易理解,留待后面再讲,这里先讲前一点。

所谓"古以今准",就是在古、今之间,以"今"为准;在传统与科学之间,以科学为准。落实到具体,即"两个凡是":凡是能对应上现代科学概念的,我们都首选科学的描述;凡是现代科学已经给出明确答案的,我们都以科学的结论为准。

道理很清楚,执行易混淆。尤其是上面还包含着另一层意思:凡是现代科学已经给出否定答案的,我们也以现代科学的否定为准;比如"意识中心在丹田""意识隔空传递",这些被医学证明不存在的玄而又玄的东西,是不是就没必要争论了?除非哪天科学又有新的发现,那是到时候再说的事,现在仅以现在的科学为准。

依我看来,在这点上做得最好的,就是所谓实用主义的美国。当然,这个国家有一个额外的优势或额外的劣势,就是完全没有自己的古代,结果反而对所有文化都抱持开放的态度。正教、邪教、科学、神秘在美国都有自己的市场,不过市场大小而已,当然前提是不要触犯法律。在这种充分竞争、责任自负的透明文化中,民众的原则只有一个:对自己"真实有益"。久而久之,大家的心理反而成熟了:理性仍然是社会主流,但非理性的可能也被包容。

"古以今准"的反面,是"今以古准"。试问,现代人以两千多年前的文字为圣旨，是否有些可笑？但有些老夫子坚持这么做，比如常听人如此占领理论的制高点："我要找最早佛陀是怎么说的！"或"你的说法经典里有吗？"好像那里是最终依据似的。如果引经据典仅仅是为了参考，倒没问题；但如果找到两千年前的文字是为了让两千年后的我们照单全收，并作为驳斥科学的依据，就好像本末倒置了吧。

因此，咱们不要走极端：在对古代文化的态度上，一个极端是对复古的狂热，另外一个极端是忽视前人的智慧。类似地，在对科学的态度上，一个极端是觉得现代科学是万能的，另一个极端是重回玄而又玄的老路。尤其为了避免"玄"的极端，我们先明确"古以今准"这一简单原则。

于是下面就好决定了：按照科学家的思路，寻找念头从大脑入手。

奇哉大脑

大脑在人体中的不寻常，从几个方面可以看出。

首先引人注目的是，占我们体重不到3%的大脑，不成比例地占用了供血量的近20%。与之形成反差的是，大脑不承担消化或输送任务，又拒绝参与任何体力工作。也就是说，大脑不属于身体供应链中从投入到产出的任何环节。于是我们好奇：自己的祖先是怎么进化出这样一个"费力不劳作"的器官的？

在不劳作的同时，大脑还享受着人体特别周密的保护。看看我们的中枢神经系统，与外界几乎完全屏蔽：头颅覆盖着大脑、脊柱覆盖着脊髓，这些"护甲"都占用了体内大量的钙。除了物理隔离外，还有化学隔离——大脑通过一种血屏障机制，阻止大分子物质的进入。

今天，血屏障的概念已经成为医学常识，从教科书中即可找到，但在20世纪初，此现象让医生们困惑不已：当科学家给一些可怜的动物注射一种叫苯丙胺药物后，发现苯丙胺遍布全身，唯独脑组织没有药物的痕迹；在另一个实验中，当科学家给一些更可怜的动物注射了一种蓝色的涂料以后，发现身体变成了"蓝精灵"，唯独脑和脊髓不变色。医学界由此得知，大脑自动将大部分危险物质阻挡在外，这让我们很难毒死自己，不管是有意还是无意，这也让开发脑用药的专家头疼不已，因为大脑一旦得病，少有药物可以进入。

这是一个有些专业但也很有趣的话题，先给各位点化学知识：人体大部分由水组成，根据相似相溶的原理，不溶于水的外界物质会被皮肤、嗅觉、味觉、视觉等排斥，只有溶于水的化学品才可能进入体内，才称得上有害或有益。血屏障的神奇之处在于，能识别水溶性的小分子和不溶性的大分子，一般只允许安全的前者进入大脑，而屏蔽危险的后者。

你会问（我好奇你为什么会这么问）：有没有小分子且溶于水的危险物质呢？答案是少而又少。确实存在像氰化钾这种小分子的快速毒药和像砣这种小分子的慢性毒药，不过它们均已在各国警政单位挂号，很容易检测出来，这类投毒案子很容易侦破。相信这里的分析，已经引起有关部门的警觉，树立了打击犯罪分子的信心，或许会在下一季《CSI犯罪现场》的剧情中出现。

我们还没回答问题的关键：血屏障机制是如何识别大分子和小分子的呢？科学研究揭示，秘密在于大脑的微观结构。相较于身体毛细血管上有很多像"大门"一样让血液进出的孔，大脑毛细血管上的孔不仅少，而且都是"小门"。此外,大脑毛细血管与内皮细胞联结紧密,仅留了"门缝"。最后,内皮细胞被外面一层连续不断的膜包裹,而这层膜外面又被另一层胶质细胞包裹,这就让大分子"无门可入"了。难怪科学家达尔文、牛顿、爱因斯坦都相信上帝,连我都开始相信了,除了他,还有谁能设计出如此复杂的结构?!

分离的意识

如此与众不同的大脑，肩负着什么与众不同的使命呢？

意识。脑结构是按区域划分的，不同区域对应不同分工。

最外面的是大脑皮层。要说人类脑与动物脑的差别，最明显的就在大脑皮层了。我们通常说的"大脑"一词，在医学上实际指的是大脑皮层，只不过由于它所占脑组织的比例太大，以至于在生活中被当成脑的统称。大脑皮层的总体功能是分析、判断、比对、记忆。

大脑皮层的下方，有个 C 形结构的边缘系统。里面包括与情绪有关的杏仁核等一系列协调器官。

边缘系统再往下、往里，是负责生存基本功能的间脑、脑干和小脑。间脑负责"战或逃"的判断；脑干可以被看作脊柱在大脑中的延伸；小脑则负责身体的平衡。

如果你问脑为何按区域分工，答案在于进化的次序。

曾经有本科普著作叫《我们的身体里有一条鱼》[1]，一直追溯脑的进化到最早的祖先——鱼类。鱼类从无脊椎动物进化出了一根管子，对身体的神经系统进行整合，是为"鱼类脑"。这根管子和它的顶端最终演变为我们的脊椎和脑干，至今仍负责神经系统的信号收集。

当进化到爬行类动物时，"鱼类脑"就在顶端发展出了脑干、小脑、间脑和一部分边缘系统的组合体，是为"爬虫脑"，至今仍负责支持我们庞大身体的生存需求，如呼吸、睡眠、心跳、平衡以及遇险时的应变能力。鱼类脑和爬虫脑构成了大脑中无意识的底层。

再进化到哺乳动物时，"爬虫脑"的外端长出强大的边缘系统和部分大脑皮层，是为"猫狗脑"。其中，边缘系统负责情绪，所以我们看到猫狗也会发怒；大脑皮层负责思维，所以我们看到狮子、老虎会捕捉猎物，羚羊、斑马会躲避追捕者。

最后进化到我们的祖先，"人类脑"不仅保留了上述全部，而且把大脑皮层变得非常厚，以至于记忆、推理、想象都有极大幅度的提高——当我们忧虑、后悔、自责、嫉妒的时候，大脑皮层的某一部分就会高度激化。我们似乎看到烦恼的影子了。

从大脑的区域结构，我们得出第一点启发：**意识是分离的。**

首先——念头在哪里？

---

[1]（美）尼尔·舒宾著，李晓洁译：《你是怎么来的：35亿年的人体之旅》，中信出版社2009年版。

应该讲，它以大脑皮层为核心区域，但不存在于某个固定位置。这是因为大脑皮层非整体一块，相反包括至少四个区域：额叶与性格和语言有关，顶叶与触觉和注意力有关，枕叶与视觉有关，颞叶与听觉有关。也就是说，我们的各种念头——贪、嗔、痴、爱、取、有——分散于大脑皮层的表面。

其次——情绪在哪里？

它没有明确的核心区域。这是因为不同的器官——额叶、边缘系统、下视丘——都参与了情绪过程，并且在不同的情绪中，每个器官的参与度不同，如纽约大学的约瑟夫·勒杜教授所述："大脑中没有专责的情绪机构，也没有哪个系统来处理这种捉摸不定的功能。要了解我们称之为情绪的各种现象，就必须专注在一个特殊的情绪种类上。"[1]

再次——感觉在哪里？

感觉是来自我们眼、耳、鼻、舌、身中的神经信号，分散在我们的身体各处。有趣的是，身体中唯一没有感觉神经的地方就是大脑，大家还记得电影《沉默的羔羊》中的那个晚餐吧，大脑手术虽然听起来很残忍，但其实一点都不疼。上述看似全部，但并非全部。除了念头、情绪、感觉外，还有最容易被忽视的一种意识。

让我们感觉下握紧拳头，感觉信号开始于手，形成于大脑皮层，中

---

[1]（英）瑞塔·卡特著，洪兰译：《大脑的秘密档案》（增订版），远流出版事业股份有限公司2011年版，第165页。

间发生了什么？换句话说，身体传来的感觉信号首先被输送到大脑，经过大脑的中间过程，才形成视觉、听觉、嗅觉、味觉、触觉等认知，这个过程叫什么？**大脑中发生了两件事：觉察和知道，加起来叫作觉知。**

英国神经心理学讲师瑞塔·卡特形容大脑为"一种制造很多产品的工厂，原料是各种信息：光波投射到视网膜上，声音冲击耳膜，气味飘散在鼻腔中，大脑的这些感觉区创造出我们对外界的印象。但是基本感觉并非大脑的最后成品，最终构建一种有意义的认知才是"[1]。那是一种怎样的认知呢？

觉知并非感觉，因为感觉是基础信号，只有当这些信号被头脑确认后才形成认知。觉知亦非念头和情绪，因为大脑仅仅确认感觉信号，却未进行任何思维的加工。体会一下，当刚才握紧拳头时，大脑中的哪位在觉察、在知道手的感觉？不是念头、不是情绪、不是感觉，而是觉知。

看似显而易见的第一点启发，实际上解决了心理学上的一大困扰：当我们把意识分为感觉、情绪、念头时，是人为想象，还是客观如此？

大脑的区域结构说明了后一种可能：感觉是感觉，情绪是情绪，念头是念头，记忆是记忆。从物理基础开始，它们就相互独立。这让我们看到一线希望：既然负面念头、负面情绪、负面感觉相互独立，那能不能从烦恼中被逐一剔除呢？

1（英）瑞塔·卡特著，洪兰译：《大脑的秘密档案》（增订版），远流出版事业股份有限公司2011年版，第177页。

生灭的意识

了解了大脑的区域结构，再看看大脑的微观结构。

那里的基本单位叫作神经元，有点像一头大一头小的爬虫，爬虫的两头伸出很多尾巴，叫作神经末梢，只要这些爬虫的末梢头尾相连，就产生大脑中的信号。

猜猜大脑中总共有多少神经元？有一千亿个之多！如果它们首尾相连，将好似一千亿根小电线。觉得这个数字很大吗？如果是的话，那你只会更吃惊，因为实际情况还要再乘上五千。这是由于每个神经元并非首尾各连接一个神经元，而是平均会连接其他五千个神经元。如此复杂的信息网络，从一个侧面说明大脑的潜能可能确实是无限的。

幸好有化学家们的参与，现在神经元之间的连接和断开的机制也搞清楚了——不像电源开关，而像化学开关：以谷氨酸为开启信号，以 γ-氨基丁酸为关闭信号。除这两种传递剂外，大脑中还有血清素、乙酰胆碱、五羟色胺、多巴胺、肾上腺素、皮质醇、催产素、缩氨酸等多种情绪调节剂。其中，血清素与抑郁症有关，多巴胺与快乐有关，肾上腺素与紧张焦虑有关，皮质醇与恐惧有关——对我的化学家朋友们来说，情绪并不神秘——在烧杯里搅和搅和，喝下去就行！

把神经元放到一起，各位会被所见的景象吓一大跳！在大脑的黑暗内部，默默运行着庞大无比、纵横交错的神经网络。用闪电来形容信号的话，大脑的夜空中每秒钟划过亿万次的电光鬼影，有点像电影《黑客帝国》中的恐怖幻象。

从大脑的微观结构，我们得出第二点启发：意识生灭不已。

按一千亿个神经元计算，每个神经元平均每秒启动五次以上，每次都代表一个信号，在你阅读这段文章的一秒钟内，至少超过五千亿个意识信号在脑中飘过，尽管它们未必都能最终转化为感受、念头、情绪，但即使其中一部分也非常可观了。之所以我们没有感觉到这么多的念头和情绪，就好像太多的噪声混杂形成嗡鸣，当我们身处嗡鸣之中的时候，反而听不到声音。类似地，在无数念头和情绪的背景中，只有一小部分能被我们意识，而绝大部分都淹没在噪声的汪洋大海之中了。

哪些被意识到，哪些被淹没了呢？答案是，最活跃的神经元连接才会形成记忆。神经元连接会不断重组，常用的被强化，不常用的被断开。这就解释了感受、念头、情绪、觉知，像野火一般，此刻发生，下一刻消失。这也提醒我们：烦恼不也一样吗？它去了又来，来了又去。

念头不是你

把上述两点结论加起来,我们还能得出第三点启发:我的念头不是我,你的念头不是你。

你看,既然意识相互分离,那念头就不能代表自我。当我们讲"大脑怎么想""我怎么想"的时候,总是直觉地以为大脑有一个中心,某个角落驻扎着一个自我。可当科学家们把大脑结构大卸八块后才发现:奇怪,里面既没有哪个器官可称为中心,也没有哪个器官来代表自我。你看,既然念头是不断生灭的,那它甚至不代表它自己。

一个绝对局部、绝对不定主语,如何对应一个相对完整、相对确定的宾语呢?显然"念头是我"不合理,"念头不是我"才合理。

这与现代心理学中的模式(module)理论不谋而合。心理学家肯里克与格里斯克维西斯发现,在不同环境的刺激下,大脑中至少运行着七种模式,相当于有七个"次级自我"[1],但没有一个代表持续的自我。

---

[1](美)道格拉斯·T.肯里克、(美)弗拉达斯·格里斯克维西斯著,魏群译:《理性动物》,中信出版社2014年版,第33—65页。

更不用提模式中的念头了——它们自然更代表不了"我"。

奇哉大脑！它让我们既自豪，又困惑。自豪无须多言，可困惑在于：人类的烦恼真能用物理结构和化学反应来解释吗？我们的精神世界显然不止于此！科学家们搞清楚了有形的细节，却留下了无形的整体。

不过瑕不掩瑜，科学给了我们太宝贵的信息：第一，意识是分离的；第二，意识是生灭的；第三，念头不是我。

假设我再次告诉各位，上述已经在两千六百多年前被佛陀说过，你会不会又一次惊愕、诧异？（还真不是吹捧佛陀）我们有文为证。

先看第一点，佛陀认为，生命由五蕴组成：色、受、想、行、识。其中第一项是感觉器官和外界的接触，投射到我们心中对应感觉。再加上其余四项，汇聚到我们心中共对应出五种心理要素：感觉、情绪、思维、意志、意识。显然，"意识是可以分解的"。

再看第二点，佛陀的原文是"一切行无常"。"无常"即没有常态。对于不断变化中的物质世界，东西方思想家都有过类似的观点，如希腊哲学家赫拉克利特也曾说"人不能两次踏进同一条河流"。但另一方面，对于不断变化中的人类精神世界，却主要是东方的佛学在讨论。佛陀认为，感觉是无常的，念头是无常的，情绪是无常的，记忆是无常的，连自我意识都是无常的，当然也包括"念头是生灭的"。

至于第三点，佛陀不只留下了理论——"一切法无我"，而且留下了方法——对意识进行深度体悟。如果各位还心存怀疑，让我们来简单证实一下吧。

请闭上眼睛，静坐五分钟，什么姿势都可以，唯一的要求是禁止思考。如果非要关注什么的话，就关注自己的呼吸吧。过程中出现念头的话，就把关注点从念头上拉回到呼吸上来。没有过静坐经验的人，会觉得这是很漫长的五分钟。

当五分钟结束的时候，请数一下刚才遇到几个念头。估计不会一个没有，除非睡着了；但也不会很多，比如两三个？这还没算"看看五分钟到了没有"的念头。现在大致划分一下，中间多少时间是有念头的，多少时间是没念头的，如果上面过程各位很警觉的话，我估计大约一半时间没念头……好，不管结果是90%、60%、30%都没关系，请问刚才没有念头的时段，谁在那里呢？显然是"你"。那时你清醒，你存在，念头却不在！

法国哲学家笛卡儿说："意志力、悟性、想象力及感觉上的一切作用，全部由思维而来。"显然与上述实验不符，因为刚才没有思维的时候，至少感觉仍然存在，觉知也未必不在。这也让笛卡儿的另一句话"我思故我在"显得可疑：刚才"不思"时，自己并未消失，不还"在"那里吗？从念头不断生灭，而自我始终存在的事实中，各位可以得出结论：念头是念头，你是你。

上述实验也证明了，不仅念头，情绪和感受同样不是你。回想一下刚才静坐的五分钟里，首先消失的是情绪，而"你"清醒地存在着，这说明情绪和"你"无须同时存在；如果继续静坐，身体的感受也会消失；如果时间再长，你甚至会忘记自己的呼吸。有人以为这是飘飘欲仙的境界。不，任何人只要静坐着不思考，时间长到一定程度，都会有上述体验。

总结一下：**意识是可以被分解的，念头是不断生灭的，念头不是你。**跨越两千多年，佛学得出了与现代科学相同的结论。

意义何在呢？关键在于"念头不是你"，这对我们的主题意义重大。

第一，它解释了烦恼的机制。

各位都听过这样一句话吧——"道理说起来容易，做起来难。"究竟为什么会这样？为什么我的念头，不听我的指挥呢？

很简单——念头不是你，它自然完全不听你的指挥。当我们睡觉的时候，它自由做梦；当我们清醒的时候，它以主人的名义发号施令；当它强大到一定程度，即使我们清醒着，它也会按照自动模式来驾驭你的生活。

不仅负面念头不是你，连正面念头也不是你；忧虑担心不是你，期望想象也不是你。同样的道理，情绪和感受也不是你，愤怒悲伤不是你，激动狂喜也不是你。总之，所有的念头、情绪、感受，都不是你。

第二，它指出了解决烦恼的可能。

试想，如果胡思乱想的念头是我们的一部分，那自己怎么摆脱自己呢？这就好比与自己分离叫自杀，而与别人分离叫离婚一样。虽说离婚仍然困难，但毕竟是件可以办到的事。

现在既然"念头不是自己"，下面摆脱烦恼就有依据了。要知道，对于任何不属于自己、给自己带来麻烦的东西，不管是前男友还是前女友，我们最擅长的方法就是——一甩了之！

诊治方案

当然凡事都有例外。要甩掉一个看得见、摸得着的东西容易，而要甩掉若隐若现的念头并不容易。让我们先看看有几种可能。

通俗地讲，就是"清""堵""断"三种选择。

"清"，即定点清除。比如治疗癌症，首先"堵"是堵不住，因为血液都是相连的；其次"断"也断不了，因为内脏血液是一个循环的整体；那最后常用的治疗就是"清"了——清除癌细胞。

"堵"，即从外部隔离。记得预防SARS的时候，先试图"清"——治好最早的感染者。当发现病毒在扩散时，就开始"堵"了——北京一天就隔离了一千多人，包括一位不巧来访的外国总统，直到演变为全民皆"堵"，戴口罩、少出门，堵住病毒的传播途径。

"断"，即切断内部通路。比如野外露营的时候，被毒蛇咬了手怎么办？就像在国家地理频道中看到的情景，先用嘴把毒液从伤口吸出来。假设没有奏效，那就要把胳膊的上半部扎起来，防止毒液扩散到内脏。

再不行，就只有"断"了——不用我说清楚怎么断臂了吧。

借鉴上述的思路，该用哪种思路来对治念头呢？首先排除"堵"，因为念头跑来跑去；其次排除"清"，因为念头没有固定位置；最后只剩"断"了，所幸这个方法可行。

如何"断念"？

医学办不到，佛学却宣称可以办到。在《杂阿含经》中，佛陀提示："有六触入处。云何为六？眼触入处，耳、鼻、舌、身、意入处。如实知见者，不起诸漏，心不染着，心得解脱。"[1] 翻译为白话就是：如实地观察眼、耳、鼻、舌、身、脑这六个位置，就不再烦恼，心得解脱。嗯，我们好像听出什么秘诀，又好像没听出什么来——这就是读经典的感觉。

佛陀的方法太平实了，平实到太难被当作秘诀的地步。当本书快要收尾的时候，我手机里收到一条心灵鸡汤的短信，是这样写的：

不要过分在乎身边的人，也不要刻意在意他人的事。

在这个世界上总会有人让你悲伤，让你嫉妒，让你咬牙切齿。

并不是因为他们有多坏，而是因为你很在意。

所以要心安，首先就要不在乎。

你对事不在乎，它就伤害不到你。

你对人不在乎，他就不会令你生气。

---

[1]《杂阿含经·第209经》。

在乎了你就输了。什么都不在乎的人，才是真正无敌的人。

多优美的文笔！只是方法欠缺。

类似的心灵鸡汤我读过不少，它们都只讲清楚了一半：不在乎别人。问题是怎么实现？如果嘴上说不在乎，心里却总在乎怎么办？

佛陀补充了另一半：不在乎别人，从在乎自己开始。

在乎自己的位置就是"六触入处"。

佛陀让我们从身体器官的六个位置入手——眼、耳、鼻、舌、身、脑——因为那里是烦恼发生的源头。首先，上述身体器官与外部环境——颜色、声音、气味、味道、物体、念头——接触形成短期意识——视觉、听觉、嗅觉、味觉、触觉、意识；其次，引发感受（受）、判断（想）、反应（行），以及后期意识（识）；最后，胡思乱想产生了烦恼。

举个例子吧，假设你走路时不小心被凳子碰到了、碰疼了，意识是从哪里开始的呢？先是接触——代表身体的腿和代表外界的凳子发生了接触，产生了触觉，这样腿和凳子构成了"五蕴"中的第一项物质；接着触觉引发了一系列连锁反应，"糟糕"的感受，"怎么比上次还痛"的想法，"我要尽快躲开"的念头，以及痛的意识。

佛陀的逻辑是这样的：只有守护好六个门户——物质进入精神的门户、外界进入内部的门户——才能阻止念头的升起。

而"在乎自己"的方法,即如实观照。至于怎样如实观照,留待下章再讲。

似乎各位还难以置信:"如实观察体内的六个位置,就能解决不平静的问题吗?"没错,这正是本书要落实的方法。

在我看来,如果这个跨越了两千多年时空的方法,真的解决了现代人的烦恼问题,并非不可思议。对各位来讲,保持开放的心态至少不会有什么损失;考虑到现代医学对"断烦恼"束手无策,那全当没办法的办法试试吧,或许它能为现代人的心灵打开另外一扇窗呢?

总结本章的内容:**念头是念头,你是你。**

至此,我们找到了烦恼的根源"念头",发现"念头不是你",也有了"断念"的思路——一切准备就绪,我们要迈出自我平静的第一步了。

可同时,我们也惹出了一个麻烦:如果"念头不是你",那是谁在想这个问题,又是谁在看这本书呢?

第三章

觉知

从觉到知

我们要先从它的发现者——乔达摩·悉达多讲起。

悉达多就是成名之前的佛陀,本来是古印度北部迦毗罗卫国(今尼泊尔境内)的王子。与世人的印象相反,佛陀生前一直反对神通,就连"释迦牟尼佛"都是后人追赠的名号之一。这样我们就好理解,当被问到"是人还是神"的时候,佛陀没有回答说"我是神"。

作为一个和大家一样生、老、病、死的人,年轻的悉达多发现即使出身高贵如己,也无法避免忧、悲、恼、苦的循环,因此在二十九岁时出家[1],寻求破解人生烦恼的真谛。以他的情商和智商,居然苦苦修行了六年,最终在三十五岁时,在菩提树下连坐了七天七夜后,悟出了人生的智慧。什么智慧呢?佛陀说:"一切众生皆有觉性。"因此,不管从时间上,还是从影响力上来讲,悉达多都可以说是发现"觉性"的第一人。

---

[1] 一说佛陀十九岁出家,三十一岁悟道,传教四十九年;一说佛陀二十九岁出家,三十五岁悟道,传教四十五年。本书以后一种为准。

觉悟后的悉达多仍然不认为自己是一个神，但也不再认为自己是一个迷茫之中的普通人，因此他给自己取了一个新的名字——"觉者"。佛陀立志要帮助世人也从迷茫中觉醒过来，这当然包括你和我——不是让你我出家，相反"觉"与宗教无关——佛陀是要我们成为生活中的"觉者"。

"觉"这个词，从字面上看并不复杂。我们日常中文里使用很多知觉、觉察、感觉、觉知、觉醒、觉悟、觉性，其实本质上相通。**如果要找一个折中，就先把"觉"理解为"觉知"好了。**

什么是觉知？

拆开来看，这里有两层含义：一是觉察，二是知道。印度三大神之一的湿婆说："每样东西都可以通过知道来觉察。"这是我听过的关于觉知的最好定义了。

觉知可小可大，可平凡可神奇。

从小而平凡来讲，觉知很接近感觉，但又稍有不同：前者是动作的主体，后者是动作的客体。觉知在觉察、知道，而感觉被觉察、被知道。因此，觉知好像"大脑在感觉"，这够小够平凡吧。

从大而神奇来讲，我们常说人类是万物之灵，而觉知就是这个"灵"。湿婆说："人的存在，就是觉知知道者和被知道者。"又说："经由觉知，你在宇宙发光。"这既说明"觉"的概念在印度学说中一脉相传，也说明如果失去觉知，我们就失去这个"灵"。这够大够神奇吧。

既然这么"灵"，我们就一定要把它搞清楚。不过在揭示觉知的秘密前，先回答下上一章留下来的问题：如果念头不是我，那谁是我呢?

我觉故我在

1897年,在太平洋中的小岛塔希提岛,法国画家高更用原始的色彩、原始的笔调创作了一幅名画,该画长长的名字表达了更原始的主题——"我们从哪里来?我们是谁?我们到哪里去?"

高更不仅画出了人类祖先吃饱喝足的灵性追问,也画出了文明社会步入现代所面临的困惑——当人类上能探索火星、下能探测海底,大能毁灭地球、小能劈开中子之际,却迷失于自我,是不是上天的幽默之问?

遗憾的是,我们在上一章把大脑翻了个遍之后,还真没找出一个可以被称为"我"的地方。但问题并未就此结束,因为我们的自我意识,不管什么名称——"自我感觉"也好,"绝对精神"也好,"本心本性"也好——都强烈暗示着一点:这个"我"是存在的。

并且,大脑的高效也暗示着"我"的存在。目前,科学已经澄清了两种极端的误解:或者以为脑组织存在中心,或者以为脑组织各行其是。实际情况是,大脑结构虽然分散却效率惊人,结构分散前面已经讲过,那效率如何惊人呢？

大脑可以多头并举地处理各种意识任务。它并未按照本书的分类说："这是念头的信号，等会儿再处理；那是情绪的信号，现在就处理。"不，它同时处理感觉、思维、情绪、觉知——在其内部，不像集中而来的霹雳，更像电光闪烁的云层，每时每刻无数闪电都在同时发生。

由此看来，我们常听说的类比——"大脑就像计算机"——并不恰当——计算机的逻辑是按照连续处理的物理模式，而大脑的逻辑是多头并举的化学模式。所以，计算机可以超越人类左脑的逻辑思维、语言、分析、计算能力，但在需要多头并举的艺术、空间感、情绪方面，却差人类右脑很远。这就是为什么"化学界的比尔·盖茨"及"计算机界的门捷列夫"总在呼吁开发生物计算机。

更高效的是，在多头并举之中，大脑还能重点分明。它默默地把任务按照轻重缓急排序——多数被忽略、少数被储存，只有某一任务被关注，即注意力所在。

更大的不同在于两者对生命、理性、道德等价值观的理解。纽约大学教授汤玛斯·内加尔及伯克利大学教授约翰·塞尔都从不同角度论述过：有关高级意识的问题，计算机无法并且可能永远都无法回答，而大脑却可以，并轻而易举地实现！

我们猜测：如此高效而神秘的机制背后，总该有一位统一的指挥吧。

我们猜测：如此高效运行，总要有一位统一的指挥吧。

这个临时的指挥就是各位的觉知。想想看：由于觉知，我们才存在；由于觉知，我们才存在得很好。幸好所有的感觉、念头、情绪都被汇总到了觉知中心，当矛盾信号发生的时候，大脑才避免几个家伙各行其是。事实也证明如此，我们每天自如地完成像打球、唱歌、开车、吵架之类协调性要求很高的动作，从没因多种意识并存而精神错乱，显然，身体里有一个协调各种信号的"核心中的核心"。

大多数人会同意觉知在统一指挥，但也会质疑：它一定等于"我"吗？

说实话，这是个争论不清的问题，因为这要追溯到那个终极问题："什么是人的本质？"答案就见仁见智了，有人认为自我永恒存在，有的人认为自我只有今生存在，还有人认为即使今生自我也不在。我只能说，觉知是与自我存在最紧密相关的一种意识：只要一个人活着，觉知就存在；假设一个人死了，觉知就停止了，还有比这更紧密的吗？

有朋友会提醒作者：佛陀反对永恒不变的自我。没错，但这不表示佛陀否认"我"作为人称代词——佛陀说："人人皆有觉性"，我想觉性就是从最基本的觉知开始吧，**尽管它并非永恒不变。**

在人类历史上关于"什么是我"的讨论中，笛卡儿留下过著名的"我思故我在"，这已经被我们的冥想实验证明是错误的，根据佛陀的实验方法，应该修改为"我觉故我在"才对。

除"我思故我在"，西方哲学中还有些相似却不同的说法。经验主义学派的英国学者贝克莱有句名言："存在就是被感知。"等于在说"我觉故世界在"。非理性主义学派的德国学者叔本华有句名言："世界是我的表象。"等于在说"我在故世界在"！两种说法都暗示着"如果我不在，那世界也不在"。显然，西方的想法比东方极端，**"我觉故我在"只是说——外部世界与我无关，但仍然存在。**

有人质疑：动物不也有觉知吗？没错，但请注意一个根本差别。动物能觉知自己的感觉，比如猩猩可以识别果香，海豚可以认出同伴，但截至目前，还没有发现任何动物能觉知自己的念头！最好的例子就是一部叫《猩球崛起》的电影。电影描述猩猩可能夺取地球控制权的故事：一位叫凯撒的猩猩吃了一种刺激智力的药后，智力接近人类，并解放了更多的猩猩。电影是怎么告诉我们猩猩智力飞跃的呢？其中长毛猩猩说的一个最重要的词是"我觉得"。

但电影不能当证据啊，有科学上的证据吗？有！就是动物们自己的声音。天真的猩猩和海豚没有想到，它们与同类的亲密对话经常处于一群怪人的监听之中。从监听信号中，科学家们只发现过"香蕉""鱼群"之类有关实物（或食物）的信息，至今还没出现类似"我在想某个念头"的信息。如果哪天真的出现了，"猩球崛起"就会真实上演了。

可见，觉知虽然只是意识的一种，却是其中最重要的一种。牛津大学临床心理学教授马克·威廉姆斯把觉知形容为"意识的制高点"，我很喜欢制高点的比喻：它像意识的灯塔，不断觉察着并知道我们的一切。威廉姆斯教授说："站在这里，当思想和情感出现时，你可以把它们尽收眼底。它可以使我们在思想和情感出现时，马上被激发而做出反应。"

且慢，念头和情绪，不正是我们的烦恼吗？既然有这么一个制高点在觉察、在知道，那么或许，它也能控制我们的烦恼吧。

觉知念头

本书以觉知作为自我平静的第一步，原因很简单：唯有觉知，才能控制念头。

记得吗，佛陀让我们"如实观照六触入处"，各位现在已经知道，"如实观照"的方法在于觉知。

而"如实观照"的位置分两部分：第一部分是前五处——眼、耳、鼻、舌、身，统称身体。更严谨地定义，就是体内感觉神经所及之处。第二部分是第六处——脑，对应念头。神奇的是，大脑内部没有感觉神经，恰好不属于身体的范畴。

看来佛陀要我们怎么做很清楚：**一要觉知念头，二要觉知身体。**

可佛陀为什么要我们这么做，倒要讲讲才能清楚。

首先是觉知念头。

前提是：别把烦恼当真。我们常常认为自己的烦恼是独特的、永远的、过不去的，有些朋友会坚持认为"我的烦恼只有我知道"，听起来像情人那般难分难舍。其实这句话本身就是另一种烦恼，如之前的提醒：想想是谁告诉你的？是念头。

我们有时觉得自己的烦恼与众不同，其实只是在一个很小的范围内比较而言，如果哪位站在这个星球的远处，就会看到同一时刻有上千万人在担心，有上千万人在痛苦，有同样多的人在对自己发火，又有更多的人在对别人发火！谁的烦恼有独特可言？不知道上帝是不是就这么好奇地看着我们，上帝一定觉得我们很可笑，动不动就后悔、嫉妒、猜疑、焦虑、抑郁。各位看见过小孩生气时候的样子吧，尤其两三岁以前的小孩最可爱，如果你逗她（他）把奶瓶拿走，她（他）就会当真；如果你逗她（他）把妈妈抱走，她（他）也会当真。在上帝的眼里，我们至今也没有长大，仍把烦恼当真。

前提虽然简单，可只有当我们有觉知的时候，才能想起这个前提："噢，那只是个念头罢了。"

前提之后的行动是：与念头拉开距离。

觉知和念头，本应是一个为主、一个为辅的关系。主次有别，当然应该拉开距离！问题是，在生活中常常被本末倒置——不是被别人，而是被我们自己。

我听过的一个很好的类比是，生活像一座房子，念头像这座房子的管家。管家长期以来勤勤恳恳地替主人打点房子，久而久之，以至于替代了主人的位置。[1] 这个房子真正的主人呢？我们的自己，或者说自己的觉知，始终难觅踪影，可能连同房子一起被接管了。

要知道，念头被选为本书的主角是当之无愧的。它不是一般的管家，而是很聪明的管家——它自行其是，又让我们毫无察觉；它不是我们，却控制着我们的生活。想一想，我们能控制谁的生活吗？恐怕不能。既无法控制小猫、小狗的行为，也无法控制子女的生活，甚至无法控制自己的未来，而念头却能轻易做到。

它是如何做到的呢？

首先，念头操纵着认知——它自动地对眼、耳、鼻、舌、身所感觉到的信号加进自己的解释，我们以为解释过的认知是真实世界，实际上常常与事实不符。医学家桑德拉·阿莫特形象地将其描述为"大脑爱撒谎"，并且"肆意想象"[2]。至于大脑为什么允许念头这么做，因为这是我们祖先自远古遗传下来的一种自我保护机制，为的是增强人类对未知风险的预测。

其次，念头还经常鼓动情绪一起造反——简单地说，当念头希望快速抓住我们注意力的时候，就会把情绪调动起来。当它觉得小情绪还不够让我们警觉的时候，就会动用新的念头产生排山倒海般的情绪。目的是让我们停止其他一切意识，以便专注于当下的问题。想一想愤怒的例

---

[1] 感谢空堂法师提到这一比喻。
[2] （美）阿莫特、王声宏著，刘宁译：《大脑开窍手册》，中信出版社2009年版，第12、14页。

子吧,当怒火中烧的时候,我们还有思考能力吗?还有感觉能力吗?都没有。只剩下愤怒的念头。

我们应该为念头这位聪明的管家拍手鼓掌!他像诸葛亮,但把我们变成了阿斗;他像日本幕府和英国的首相,以至高无上的天皇或女皇的名义,把他(她)们关进了皇宫和城堡。这就是多少MBA学员在课堂上还没学到的"上级管理术":要自己掌权,但把风光留给上级;要自己说了算,但让领导觉得是他们的意见。

"觉知念头"的一大好处,是让我们看到念头的本质——念头不是我,也让我们看到了烦恼的本质——幻象。

审核念头

觉知之后,还要审核念头。

苏格拉底说:"没有经过反思的人生毫无意义。"

亚里士多德说:"只有智者才能在审核思维后才接受它。"

两位先哲没有接着讲下去,因为"念头"不是希腊哲学关注的重点,那我们接过这个话题接着讲吧。

能不能靠"念头"自己审核自己呢?

答案是否定的。失眠过的人都知道,念头无法自制,难以停止,如此才造成了失眠的痛苦。念头好像无法自愈的病人一样,我们只能为它请个医生。

那能不能请一个念头审核另一个念头呢?

答案也是否定的。失眠仍然是很好的例子,假设我们用一个念头对另一个念头下命令:"停止失眠!"恐怕不会奏效。更简单的例子,就在此时此刻，我们用念头对大脑下命令："请放弃思考！"即使奏效几分钟，也会很快失效。我们要为念头请的医生，还不能是另一个念头。

结论是，**思维无法管理思维。**

这可能让人有点失望，也有点吃惊。因为按照常规思路，为什么不用一个好的念头转化坏的念头呢？就像在组织管理中，我们常常用"好人"去领导"坏人"，希望把"坏人"转变为"好人"。

问题在于，好念头和坏念头不像两个人，更像一个人。这位一体多面的戏霸，时而客串几个角色——正面、反面、中性，时而更换几种面具——红脸、白脸、黑脸，我们能让一个角色去领导另一角色、用一种面具去领导另一面具吗？不能，它们属于平级关系，谁也管不了谁。

比平行关系更糟糕的是互助关系。念头不论好坏，都有自我加强的倾向，加强同一种胡思乱想的能力。好念头也罢，坏念头也罢，都源于同一棵念头的大树，都是这棵大树上结出的颜色不同的果子。正因为如此，一个思维很正面的人，一旦负面起来，思维也会变得负面得可怕。正面强度和负面强度往往成正比。

结论是：**正面思维也不能领导负面思维。**

现在恐怕各位不仅吃惊，而且开始怀疑是否我写错了。这个说法令人难以接受之处在于，不仅教科书上没这么讲，而且充满正面思维的教科书，好像本身存在的意义也受到了威胁。

其实问题并没那么严重，再解释一下就清楚了。还是用一个主角戴几个面具的例子吧。我们当然希望用正面思维的面具去取代负面思维的面具，但由谁来更换呢？面具的主人——我们自己。

反之，如果我们"换念头"时如同"换面具"那样无意识，结果就会——有时候换得对，有时候换得不对，有时候根本换不上去。而且，如果不知道念头的主人是否清楚此事，那不就"换"得不清不楚吗？时间一长，如果连"换"这个动作都变成了自动模式，那面具就变成自己的主人，念头就开始自我主张了。

现在是拿回主动权的时候了——经由觉知。

具体来说就是，对思维觉察、知道、判断、决定。这些都是最高领导应该做的事啊！让我们按照反向顺序看看这几个步骤。

觉知的最终任务，是决定念头放行与否——判断通过的放行，未判断的或未通过的留下。也就是说，领导没问题时可以不出面，但发现问题要及时阻止，否则还要领导干吗？

觉知的中间任务，是判断念头正确与否——正确的批准，错误的否决。至于判断的标准，要用到下一章所讲的正见。

而觉知重中之重的第一要务，是觉察并知道念头的存在，否则，后面的判断和决定就无从谈起。也就是说,领导即使不出面,也不可以睡大觉!相反,要明察秋毫,念念分明。

看来,我们已经找出"励志未必有效"的第一个原因:未经觉知的理念,未必总是有效!

觉知并审核念头,还不够。

觉知身体

如果说烦恼时要觉知念头,那么不烦恼时,或放下念头后,还需要觉知吗?当然。实际情况如下:

——当有念头的时候,请觉知念头;

——当没念头的时候,觉知需要个物件,这个物件就是身体。

我们无法持续"觉知念头",却可以持续"觉知身体"。

除了让觉知有个着落外,觉知身体还有更重要的意义:

——念头无法感觉,忽隐忽现,在念头处,我们观察到何为幻象;

——身体可以感觉,真切持续,在身体处,我们将观察何为真相。

谁说佛陀是虚无主义者呢?如果是的话,他本来可以说"一切都是幻象"。那样的话,何必观察?何必努力?何必生活?佛陀并没有这样说,甚至生怕我们这么认为。虽然他宣称这个世界是变化的、生灭的、关联的,但不等于一切都不存在!体会下佛陀的良苦用心吧:假如他仅仅指示观察念头,那会不会误导我们以为世界就像念头那般虚妄不实呢?正是为了避免世人得出这种结论,他在用一只手指向幻象的同时,又用另一只手指向了真相。

这就引出觉知的第二大好处:获得真相。

读者或许不解:思维告诉我们的不是真相吗?答案是不确定,可能是真相,也可能是幻象。

原因很简单:所有思维都不是一手信息。思维离不开语言和逻辑,两个环节都经过了大脑加工,两个环节都存在添油加醋的余地。且不用说语言是人类编制,诠释的准确性让分析学家伤透了脑筋;逻辑同样是人类创造的,经过了听、说、读、写过程的多次转手,或者加入了自己的思维,或者加入了别人的思维,如何确保信息的准确性?一句话——可信度成疑。

就好像我的脑海中一直幻想着马尔代夫很美,其实我从来没有去过那里。如果自问:"这种印象从哪里来的呢?"估计从报纸上读到的、从电视上看到的、听别人说的,甚至梦到的——无论哪种,都是经过语言、逻辑、概念才达到我的大脑。再追问:报纸上、电视上、别人讲的马尔代夫的信息是从哪里来的呢?可能从更遥远地方的报纸、电视或是从其他人那里转来的——概念后的概念;甚至从另一种文字翻译的——

语言后的语言。总之，思维后的思维。

但如果各位亲身去过马尔代夫，那可是不同的感觉，那可是自己眼睛看见的、耳朵听到的、鼻子闻见的、舌头尝到的、身体触摸到的马尔代夫！那种感觉，与电视上看到的、别人讲的一致吗？可能有点像，但一定有差别！如果那时我再问你马尔代夫的情形，要描述清楚这种视觉、听觉、味觉、嗅觉、触觉，难免有一种语言不够给力的感觉吧？

这就是觉知的不同之处：它让大脑越过思维，直接连接到感觉，因此排除了对原始信号的中间加工。

参考第一章中认知理论的模型，我们很容易比较出"思维模式"和"觉知模式"的不同。

如下图所示，把外界诱发因素 A 理解为感觉器官与外界的接触，常规的认知途径是"思维模式"：外界因素与眼、耳、鼻、舌、身接触后产生的感官信号（A），经由大脑的解释（B），形成了烦恼（C）。可用数学公式表示为：A × B = C。

```
                大脑的解释（B）：念头
感官信号（A）━━━━━━━━━━━━━━━━━烦恼（C）
```

而非常规的认知途径是"觉知模式"：外界因素与眼、耳、鼻、舌、身接触后形成的感官信号（A），越过了大脑的解释，直接形成了对真相的判断（C）。可用数学公式表示为：A=C。

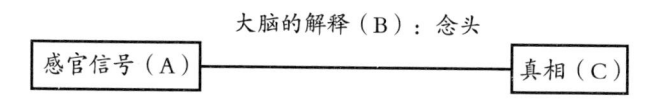

```
                    大脑的解释（B）：念头
  ┌──────────┐                        ┌────────┐
  │感官信号（A）│────────────────────────│真相（C）│
  └──────────┘                        └────────┘
```

看看，我们中文的"直觉"一词有多么贴切！把这两个字拆开来读，就是直接的"直"，加上觉知的"觉"。我们常说"凭直觉""有直觉"，就是越过思维环节，经由直接感觉去判断。

这才揭晓上一章中佛陀方法的秘密：为什么"如实观照六处入处"会带来平静？

想想看，作为佛学的创始人，佛陀既没让我们去诵读佛经，也没让我们去参拜寺庙，为什么呢？倒不是说佛经和寺庙不够高尚，而是说再神圣的地方，如果当下无法觉知，则与这个话题无关。相反，佛陀让我们在眼、耳、鼻、舌、身、脑处寻找平静，因为那里才是觉知可及之处，那里没有预期、没有回忆，只有当时当地的真实体验——

思维或许是烦恼的，而体验必然是平静的。

这也回答了本节的问题：为何既要"觉知念头"，还要"觉知身体"？

好似一枚硬币的两面，两面都在它才完整。

这枚硬币的反面印着念头、幻象、烦恼，如同《圆觉经》中所云："知幻即离。"这是由于觉知穿过念头、穿过幻象——也穿过了烦恼。

请自我感觉一下：当我们"觉知念头"的时候，将发现什么？胡思乱想、过去未来、抑郁不安。离开这些念头，也就离开了烦恼。

这枚硬币的正面印着身体、真相、平静。如同《圆觉经》中所云："离幻即觉。"这是由于觉知直通身体，身体带来真相——真相中没有烦恼。如果谁还不太理解，请再自我感觉一下，当专注觉知眼、耳、鼻、舌、身的时候，哪个位置有胡思乱想呢？没有。**真相的本质没有烦恼，真相的本质就是平静。**

在觉知中，除了平静，我们还能体会到平静的原因。

· 真相的我不断变化。身体在老化，念头在流转，就连觉知都若隐若现，这让我们对稍纵即逝的当下备感珍惜。

· 真相的我不断生灭。我们总以为出生在很久之前，死亡在很久之后，其实，"生与灭"每时每刻都在我们体内发生：每一次呼吸、每一次举手投足、每一个念头、每一次情绪。这让我们在为每一次"生"而欢呼的时候，也能对下一次"灭"有所预期。

· 真相的我注定与世界关联。因为那个"我"在各种因和各种缘的作用下，运动、流转、离散、交融。每个人最终都将与环境融为一体，不以谁的意志为转移。这会让我们回归一条中间之道——既珍惜世界，也不对世界执着；既珍惜自我，也不对自我执着。

这就是觉知直通平静的秘密，也是佛陀让我们"向内看"的原因。

三个流行词

除了觉知,我们无法忽视另外两种"觉"的解释——觉醒和觉悟,三者间是什么关系呢?

我们可以将整个"觉"的过程分解为觉知、觉醒、觉悟——意识从低到高的过程。 想想看,如果没有觉知,我们是无法觉醒的,觉醒以后才能觉悟,觉悟以后,才会进一步发现觉知的意义。

要成为悉达多所说的"觉者",应该先成为觉知的人,然后成为觉醒的人,最后成为觉悟的人。不过请注意:觉知与觉悟是一前一后的两个步骤,而觉醒只是两个步骤之间的状态——醒的状态。

```
┌─────┐    觉醒    ┌─────┐
│ 觉知 │──────────▶│ 觉悟 │
└─────┘           └─────┘
```

觉知的目的,在于进入觉醒状态。

曾几何时,"觉醒"也成了一个流行词。如果各位近年来读过三五本心灵鸡汤的话,估计对这个词已经相当熟悉。我们常常听人讲"摆脱烦恼就要觉醒",这没错,但我们讲的不完全是一回事。

在一般励志书里的"觉醒",是从错误的见解走向正确的见解;而本书中的"觉醒",是之前的准备,并非正确的见解本身。这就解释了我们把这个流行词一语带过的原因:如果不用"觉醒"这个词吧,应该被纠正的不是我,而是流行概念;但如果用这个词吧,又要和泛滥中的觉醒区分开来。

让我们试试看。从字面上来看,觉醒是从无意识状态变为有意识状态,从无觉知状态变为有觉知状态。其实生活中的"醒"与我们早上起床的"醒"本质并无不同,只是范围更广:不仅要从梦中醒来,更要从我们的人生大梦中醒来。"醒"是相对于"迷"而言的。在生活中,我们被什么"迷"住了呢?当然是被胡思乱想迷住了。

打个比方吧,各位开车的时候,是希望自己握方向盘呢,还是希望副驾驶握方向盘呢?如果你觉得这个问题很可笑,那就快要"醒"了。因为这么多年来,都是胡思乱想在驾驶着我们的人生,而这辆车的真正驾驶员却昏睡不醒[1]。

因此,要达到觉醒的状态,方法很简单:觉知。只有觉察、知道念头的存在,才可能摆脱对念头的执迷不悟。比如自己在开车的时候,原本心不在焉,突然意识到"不对,这是杂念的状态,我要好好开车",

---

[1] 感谢随佛法师提到这一比喻。

你就觉醒了。再比如，你听到朋友的好事，心里却觉得怪怪的，突然意识到"不对，这是个嫉妒的念头，这不应该是我，我应该为人高兴才对"，你就觉醒了。我们都要真诚地祝贺你。且慢，各位以为我祝贺的是上述正确的见解吗？不，我祝贺的是你在正确见解之前的觉知。仅仅是由"觉知念头"达到觉醒的状态，就值得大大庆祝一番。

觉醒状态的目的，在于进一步觉悟。

一般人提到负面思维和负面情绪，总是匆匆忙忙跳到下一步，用正确的见解去驳斥念头，其实那是相对容易的事情。比正确的见解还难的，是先意识到"念头是念头，我是我"——先意识到烦恼，才可能摆脱烦恼。

总结本章的内容：**我们以觉知为自我平静的第一步，因为它是整个过程的源头。**可以说，如果缺少这一步，本书的"自我平静"将是一句空话。

不过顾名思义，"醒"是一种不稳定的瞬间——某人刚从梦中醒来，随时还可能再睡回——没错，就是早上被闹钟叫醒几次又睡回几次的那位！要让"醒"的瞬间稳定下来，我们还要觉悟。悟什么呢？正见。

ized by CamScanner

第四章

正见

八万四千把钥匙

正见，顾名思义，就是正确的见解。

一提到正见，有些人就会觉得我讲得不够古代，而另一些人又觉得我讲得不够现代。

第一种人的理由是，"正见"一词来自佛教，佛陀所讲的正见另有深意，与本章的现代内容不同。我需要说明：本书并非宗教书，为什么"正确的见解"要受两千多年前文字的束缚呢？如果佛陀在世的话，也一定会用通俗易懂的语言向现代人表述吧。

第二种人的理由正好相反，认为佛陀是不是过时了，"正见"这个词是不是也过时了。对此我更要说明：不仅佛陀自己难以超越，而且他所留下的正见，仍然是最根本的智慧。

且慢，记忆力好的朋友会提醒：我们从本书前言开始就讲"理念效果有限"，而正见不恰恰是正确的理念吗？

的确，本书立足于"不要停留于理念"。因此，在自我平静的五个步骤中，正见并非唯一的一步，但仍是重要的一步：正见如光，没有正见的人生，难免跌跌撞撞，误入歧途。也就是说，单靠正见不行，没有正见则万万不行。

在成千上万的人生正见中，我们该从哪里开始呢？

有一点是明确的：人生太复杂，人生的问题太多，很难有一把万能钥匙去解决所有问题。在娑婆世界中，每个人每天都会接到不同的课题，而且经常是出人意料的课题，生活因此才丰富，也因此才烦恼吧。按照佛教的说法，生活有八万四千种烦恼，而佛教有八万四千种解药，或者说有八万四千把解开人生难题的钥匙。这里面的"八万四千"是"无数"的意思，当古印度表示多的时候，常常放进一个光怪陆离的数字。可想而知，如果我们真有这样一串钥匙，一定是很长很长的一串钥匙。

由此产生了两个问题：一个是这么多钥匙，什么时候才能凑齐？从小到大，我们确实读过很多人生道理，但好像一直存在着思维上的"死角"，好像总缺少了几把钥匙。另一个是这么多把钥匙，该用哪一把呢？以自己为例，我就揣着一串沉甸甸的钥匙，包括公司门的五把、家门的三把、保险柜钥匙三把、汽车钥匙一把，每次开门，我都要手忙脚乱地找个遍，别说八万四千把钥匙了，哪怕八十四把，开门时已恨不得破门而入了。难怪每次我们都胡思乱想很久之后，才想出一个自己早就明白的道理!

又好比看病的时候,医生递来一张列出八万四千种处方的单子,那能是好消息吗?让人混淆又吓人一跳。医生可能是名医,药可能是好药,但万一只是个感冒呢?

看来难度不在于选择太少,而在于选择太多,多到挑都挑不过来的地步。因此,适当总结是有必要的:即使不能有一把万能钥匙,也无法接受无数把钥匙;即使不能有一剂万能解药,也难以消化八万四千种解药。对于我们这些悟性有限的大众来讲,励志理念太多不是好事,只会造成领悟容易、运用困难。

折中方案呢?比如三把钥匙、五把钥匙,再不行十把钥匙,总比"无数"要好啊!学理科的同学们一定会这样想——能不能有类似万有引力的定律?

学理科的我,确实是这么想的:最好能有几把"人生正见的钥匙",随拿随用,这样才可以提高止息妄念的速度。当然,如果有谁去记住八万四千种法门,那是天才的记性,我也不反对。

对于大多数记忆力没那么好,甚至像我一样记忆力正在衰退的朋友,我准备介绍人生正见的三把"钥匙"——感恩、讲和、当下。不是一把,也不是无数把。

有朋友会说:"是不是你随便挑出来的三个概念呢?"当然不是。

首先，它们与佛陀所说的正见——无常、苦、无我——并非无关，之所以改用现代的语言，主要考虑到这是一本关于方法论的书，读者更关心的不是教义，而是行动：

——因为苦，所以感恩；

——因为无我，所以讲和；

——因为无常，所以珍惜当下。

其次，它们也与后面控制负面思维、负面情绪的方法密切相关。

最重要的是，你将发现它们不仅是理念，不仅是方法，还是体验——而体验，是无法被"挑出来"的真相！

感恩

把感恩放在第一位,因为它是东方文化的核心。

我们从小读《三国演义》《水浒传》《东周列国志》《隋唐演义》,学的是"滴水之恩,当涌泉相报",恨的是忘恩负义的小人。不仅我们中国文化,日本、韩国也深受影响,应该说,报恩情节始终流淌在我们东方人的血液里。与东方稍有不同的是,基督教、犹太教、伊斯兰文化也讲感恩,但更侧重感谢神的恩典。其实不管是感谢人还是感谢神,感恩总比不感恩要好。

这可不是讲大道理,而是确实有道理。

作为治疗人类心理疾病的第一服良药,感恩是有进化根据的。首先,它符合生存法则——人类作为自然界中生存能力最差的物种,只有感恩才能保持最早的群居,而只有群居才能够在自然界的竞争中胜出。其次,它符合社会法则——作为力量有限的个体,只有感恩才能形成团队,而只有团队才能在社会竞争中脱颖而出。看来我们想要活得久些、活得成功些，最好珍惜祖先留下的那点感恩之心。

今天能把"感恩"这服良药推荐给各位，还真多亏了这本书。估计我当面是很难说出口的。想象一下在聊天的时候，有人建议你"要感恩"，你会不会觉得这人意有所指呢？会不会以为这人让你感谢他（她）呢？

问题正在这里！一般人总以为感恩的受益者是对方，而非自己。只有在书中，我才有机会说："真正从感恩中受益的首先是自己，然后才是对方。"看一看周围的人就知道，心怀感恩的人是不是过得比较快乐呢？起码我的观察如此。我觉得这是由于感恩之心让人觉得自己获得的太多，所以容易满足。

反过来，不懂感恩的第一受害人也是自己，他或她起码有三个损失。

第一个是总觉得社会欠自己太多，自然愁眉不展。比如同样拿五千元的工资，有人觉得很多而高兴，有人觉得很少而苦恼；同样住一百平方米的房子，有人觉得自己很有福，有人觉得自己很倒霉。

第二个是容易错过福报。比如同样被上级安排了一个任务，感恩的人认为这是上级赏识因而全力以赴，结果成绩斐然；不懂得感恩的人认为这是苦差因而抱怨连天，结果业绩平平。你作为上级的话，会提升哪位呢？

第三个是不够宽容。别人的一点错误就看得清清楚楚，不仅对别人刻薄，也容易搞坏自己的心态。有个专用名词叫作"净相"，越是精英人士,越可能意识不到自己患上了这种"净相"的毛病。

按照由近及远的原则,我们第一个需要感恩的人是谁呢?

如果把这个问题问一群人,多数的回答可能是父母、妻子、丈夫、小孩、老师、某某朋友……我们常常感谢了整个世界,却忘记了最近的人——自己。

这个"自己"包括很多部分:脑,承受了如此多的胡思乱想;身体,从来任劳任怨直到疲惫不堪;心脏,总是保持着生命的能量。最后还有那个冥冥中的"本来之我",为自己保存了一丝超越世俗的情怀。

接下来还应该感谢家人:父母养育了我们、伴侣忍受我们的缺点、小孩让人欢喜让人忧。有的朋友问:"不是应该小孩感谢父母吗?"那是小孩该想的事,不是家长该想的事。如果自己做个好榜样的话,子女长大一定会成为一个感恩的人。但在此之前,父母所需要做的就是感谢子女带来的快乐。难道我们对子女的爱不是无私的、发自内心的、无须回报的吗?如果是这样,那就不要预期了,把看着他们长大的过程看成是天赐的经历吧。

除了自己和家人,也别忘了周围的人:老师、朋友、同学、同事、老板、下属,甚至保安、阿姨、服务员,等等。有些人心里想:"他们与我有什么关系?"其实,我们与一生中所遇到的每个人,都有一种非常难得的缘分。

或许，仅仅或许，还可以感谢自己的上司或老板。但这句话也只能在书里写写，如果当面讲一定被人痛骂。我们每个人都有上级，而且很多人都不喜欢自己的上级，觉得为什么他（她）来管理我？为什么不是我来管理他（她）？其实直到自己成为上级，才会知道上级也有上级的压力。我既管理过几十个人的团队，也管理过上千人的企业，当每天五点下级都准点下班的时候，我还要忙着读报告、清点、锁门；夜里忙着明天的准备，周末忙着下周的计划,心里是多么羡慕朝九晚五的日子啊！可能有些人会说："这是你站在老板的立场没为员工设想，万一作为下级被裁员了怎么办？"那我倒要问问这位朋友：是裁员可怕呢，还是倒闭可怕呢？裁员随便再找一个工作就行了，但倒闭呢？下面是清仓、破产、起诉……这么想以后，或许我们需要老板来承担自己所不愿承担之重，或许我们需要上级来面对自己所不愿意面对的老板。

但反过来，如果作为老板，就应该感谢自己的员工了。世上虽有不感恩的员工，更有不感恩的老板。据个人观察，在员工权利比较大的国家，如欧洲，较多不感恩的是员工；而在雇主权利比较大的国家，如中国，较多不感恩的是老板。其实，做一个感恩的员工不容易，做一个感恩的老板更难，不是难在创业之初，而是难在成功之后还能保持一颗感恩之心。以自己为例，从年轻时起，我就是个非常随意的人，不觉得自己有何不同，但在管理很多下级之后听到"全靠您了""您来决定"之类的话，难免也会飘飘然起来。这时是否还能站得住，就要看有没有定力和造化了。如果老板真开始自以为是个天才，就会失去感恩之心，失去感恩之心，就会失去团队，而失去团队，不就失去管理者的意义了吗？

上面还算容易，要感谢我们的敌人就太难了。哪怕嘴上这样讲，实际也做不到。其实，相比起耶稣的原话——"爱你的敌人""原谅你的敌人七十七次"——估计凡人很难做到，"感谢"还相对容易。可为什么要感谢呢？就像前面讲的，是为自己啊。想想看，一个忘却敌人的人会比一个整天记恨敌人的人快乐吧。因此，不妨试着祝福他（她）更好，万一应验了，那他（她）不就不再可恨了吗？再不妨，试着感谢这位敌人为自己打开了世界的另一扇门，说不定这是自己从未想到过的人生方向呢。

最后应该感谢的，或许也是最先应该感谢的，是这一切的创造者，它如此神奇地创造了你我，创造了万物，让我们与众不同又彼此相连。不管我们犯了多少错误，它一直像大地般宽容而沉默，我们要真诚地感谢它，无论它叫什么名字。

佛教中讲"诸受是苦"，你苦，我苦，大家都苦。脱苦的方法就是感恩。

——感恩必然带来爱。个人和社会都需要爱，孔子要我们"仁者爱人"，耶稣要我们"爱神并且爱人如邻"，而感恩就会做到这点。

——感恩必然带来反馈。一个感恩的人会想着反馈家庭、社会、天赋的使命，从而投身积极的人生。看一看东亚受儒家文化影响的地区：中国、韩国、日本、新加坡，都是强调感恩和反馈的。

——感恩必然带来珍惜。俗话说"感恩惜福"。就像本书开头所列举的空气和重力的比喻，我们身边很多人、事、物都被想当然地忽略了，如果心怀感恩，自己就会更珍惜那些未必永远在那里的亲情和友情。

看看，感恩对"人生不苦"多重要。

再好的事情都有一个不至于太过或不及的程度，如果超过了这个程度，事情就会走向反面。比如，我们感恩就要反馈，有反馈就有期望，有期望就可能失望。又如，我们感恩就要去爱，有爱就可能有恨。更糟糕的是，感恩带来珍惜，但我们珍惜了，别人不珍惜怎么办？

这就要用到正见的下一把钥匙：讲和。

讲和

如果说感恩是我们应对世界的一只手，那么讲和则是另一只手。

最好两只手都做好准备：感恩让我们努力不虚度此生，但如果努力了仍不成功呢？就要跟自己讲和了。感恩也让我们反馈世界，但如果反馈了仍没有结果呢？我们就要跟世界讲和了。感恩还让我们待人以礼，但如果别人回以不敬呢？太正常了，我们只能与叫作"人类"的同类讲和了。所以说，感恩没错，努力没错，反馈也没错，但我们必须学会讲和。毕竟，人生不如意事十之八九。

可从小到大，很少有人教我们"这一手"。学校里听到的词，更多是奋斗、竞争、克服、战胜、努力、超越，这让我们走向社会之后一直处于竞争之中，和别人竞争，更和自己竞争。即使成功了，将来的我也要和现在的我竞争。当我奉劝一些烦恼的朋友讲和的时候，这些没有幽默感的家伙总是很认真地回答："不，我就要战胜自我！"直到烦恼化为压力、压力化为疾病——我们所不希望看到的竞争结果。

因此要消除各位的一个担心："这本书会不会降低我的社会竞争力啊？"恰恰相反，本书的"讲和"为的是提高抗压能力，从而更好地竞争。事实上，我们学了这么多年竞争，是不是勇往直前才叫竞争？不，有进有退才叫勇。那如何有进有退？既要能竞争，也要能讲和；在竞争开始之前，最好先学会讲和。

至于如何讲和，表面上谁都会，但要从心里讲和，莫过于"宽容"二字。

在世界各地的文化中，我不得不说，中国文化是最宽容的一种。从小在学校里，我们就笑话别的小朋友"小心眼""没肚量"，这么形象的词在英文中还真难找到。再看我们经典著作中的英雄形象，个个都心胸宽广，比如诸葛亮对孟获"七擒七纵"，比如宋江"仗义疏财"，就连大奸臣曹操也因"义释关羽"而留下美名。这个传统被保留到国际交往频繁的今天，看看我们是怎么接待外国人的，而外国人又是怎么接待我们的，就会怀疑我们这个民族是否太宽容了，当然也自豪于我们祖先所留下的美德。

至于与谁讲和，首先，还是与自己讲和，这意味着要宽容自己做过的令人羞愧的事。以我为例，按说我在商场上摸爬滚打这么多年，应该忏悔的事情肯定不少吧，但忏悔归忏悔，每天晚上我还是要在睡觉前原谅自己，因为我知道，每个人需要忏悔的事情都很多，自己也不是什么特例。

其次，除了自己，更要与周围的人讲和，这意味着宽容别人的错误。佛陀教育他的儿子罗睺罗向大地学习，佛陀说："人们往大地上扔干净的东西，也扔不干净的东西，甚至在大地上拉撒、流血，你看到大地生气了吗？没有。你看到大地羞耻了吗？没有。你看见大地避开了吗？没有。大地就是这样心平气和。"

最后，除了与人讲和，是不是也应与这个世界讲和呢？这意味着我们如果不给世界做什么贡献，起码不要给世界带来伤害。它自有狂风暴雨，自有阴晴圆缺，但正因为这些不确定性，一切才变得多姿多彩。

佛教中讲"诸法无我"，理论落实到行动，就是学会讲和。

——讲和才能控制负面思维。哪些负面思维？自责、指责、嫉妒、愤怒，这些念头的背后都是指责。

——讲和才能控制负面情绪。哪些负面情绪？悲伤、恐惧、后悔、忧虑，这些情绪的背后仍是指责。

当我们学会成己、成人、成就社会，就为随后的控制负面思维、控制负面情绪打下了正见的基础。

借由感恩与讲和，我们说出了人生的中间之道——既不能全放下，也不能放不下；既不能过于有为，也不能过于无为。如果"光感恩不讲和"，难免过于投入，如果"光讲和不感恩"，又难免厌离世界。所以说，两只手一起用，才能平衡我们的人生。

感恩也好，讲和也好，都还属于思维的力量。有没有超越思维的力量呢？

当下

第三把人生正见的钥匙是"当下"。

这是一种非同寻常的正见。如果我们把感恩与讲和比喻成人生中"手"的力量,那么当下更像"心"的力量。如果说感恩与讲和走的是思维之路,靠一个念头去驳斥另一个念头,那么当下既可以是思维,更可以是对思维的超越。

因此,有两种"当下":之前各位一定读过不少"活在当下"的书,甚至天天收到"活在当下"的短信,那些都属于"概念中的当下",此外还有"当下中的当下"。区别在于:前者可以被理解,后者只能被体会。

"概念中的当下",道理很简单:既然我们的生活由无数个此时此刻组成,那么浪费当下就是在浪费生命,珍惜当下就是在珍惜生命。

《圣经》中有很多关于当下的名言。奇怪吧,根据《新约》记载,以引导我们去另外一个世界为目标的耶稣,其实大部分时间都花在了指导门徒如何处理当下的情况。在整个《圣经》中,"现在"出现的次数比"天上""天堂""天国"加起来还多！可见神要求我们在去天上、天堂、天国之前，要把这个世界、这个时刻关注好。

　　道理虽简单，却很难做到。我们常常有句不好的口头禅——"明天再说吧"。不，不要等到明天，想做什么今天就开始做吧！南怀瑾先生回忆他刚到台湾的时候，全家只能住在漏雨的屋子里，自己白天一边抱着小孩一边写文章养家，晚上睡觉前也会忧虑第二天全家的伙食从哪里来。这时他就安慰自己说："还不知道明天在不在呢。"

　　我们还有句更不好的口头禅——"再过几年如何如何"。不，不要再过几年，现在就是合适的时候。前段时间我还读到某首富宣称"等到多少万万亿就退休"的誓言。在此送上真心的祝福：最好现在别想着退休！因为很多朋友工作的时候盼着退休，结果工作没有做好，到了退休的时候又想着工作，最后是退休也没有休好。这种"不在当下"的情结，怕连首富也难免。

　　更糟糕的是，我们还有句玩笑话——"但愿下辈子吧"。不，不要等到下辈子，请从这辈子开始。加拿大幽默作家斯蒂芬·里柯克对此有一段形象的描述："我们人生的旅程是多么奇妙啊！小孩老是说'等我长大……'长大了呢？大男孩说'等我成年……'成年后他又说'等我结了婚'，等他真的结婚了又怎样呢？他又想'等我退休了吧'。终于，他退休了。当他回首往事，心中不免升起一股寒意，因为他已经错过了人生中的一切，什么都没抓住。我们总是太晚才认清生活就是生活，就是每一天每一个小时。"[1]这是智慧的感悟。

随着"活在当下"概念的流行，也流行起一些误导的说法。

其中之一就是所谓"时间并不重要"，理由是时间是人类创造的，它本来不存在，因此也不重要。这对不对呢？确实，时间的刻度是人为制定的，但并不表示它不在那里。相反，爱因斯坦认为时间是宇宙的第四维，霍金认为黑洞是时间的起点，不管人类是否存在，它都存在。这就好比人类把太阳叫作太阳之前，它存在不存在呢？当然存在，只是不叫"太阳"这个名字罢了。

时间不仅存在，而且重要。我能想到的唯一例外是，对已经出离世间的修行者来讲，不仅时间，此生都不再是重要的了。但对我们这些仍然痴迷于娑婆世界的凡人来讲，生命只有一次，时间只在当下，再没什么更宝贵的了！

另一种误导是所谓"一切毫无意义"。理由是，既然过去和未来没有意义，那么当下也会变成下一个过去而失去意义，由此引申出一切皆无意义。这个说法听起来诡异，实际上错误。错误在于，当下是不能变成过去的，它可以生，可以灭，但只能在此时此刻。就像火焰一样，有

---

1 《如何停止忧虑，开创人生》，（美）戴尔·卡内基著，陈真译，中信出版社，2008，第10页。

燃烧的火焰，没有"熄灭的火焰"，在灭去之前，它就是全部意义所在。

还有一种误导是"活在当下万能"。像前面所讲的那样，任何事情都要有个恰到好处的程度。当我们把"活在当下"吹捧成一把万能钥匙时，无形中就埋下了失望的种子。

之所以说"活在当下"并非万能，是因为并非所有烦恼都源于"不在当下"。虽然有些烦恼是过去和未来造成的——如后悔、忧虑、自责，但也有些就发生在此时此刻——如愤怒、悲痛、抑郁等，"活在当下"怎么能解决这些"就在当下"的烦恼呢？

更大的问题在于如何落实。当我们胡思乱想的时候，大脑里好像有两种声音，一种告诉我们悔恨没用，但无法阻止另一种让我们继续悔恨。如何让后一个念头回到当下，恐怕并不那么简单。不简单的原因在于："活在当下"是思维可以做到的，而"回到当下"是思维难以做到的，只能靠超越思维去实现。体验下如何不后悔、如何不忧虑，各位就知道念头的力量多么顽固——在对过去和未来的追逐中，"当下的力量"很无力。

佛经有云："诸行无常。"这提醒我们活在当下。比佛陀留下的理念更重要的是，佛陀还留下了回到当下的方法——方法留待第二部分再讲。

至此，我们讲完了人生正见的三把钥匙——感恩、讲和、当下。

至少在一点上我证明了清白——我一点也不反对理念，甚至可以说喜爱理念，我自己不也洋洋洒洒地写了不少吗？但我反对单靠理念，反对停留于此，原因之一是：它与智慧是两码事。

正见不等于智慧

有人会问：智慧与我们的主题有什么关系？确实，智慧虽好，但与平静何干？

记得我们前面讲的"四圣谛"——苦、集、灭、道吧？其中烦恼的消灭，是需要智慧的。古语讲"开智慧，断烦恼"，即用智慧驳斥烦恼的念头，斩断烦恼的链条。如果转换为现代心理学的语言，即用正确的认知纠正错误的认知，从而达到心理健康的目标。

现在的问题是：我们已经有了人生正见的三把钥匙，如果需要的话，甚至可以有八万四千把钥匙，难道还不够"智慧"吗？

答案是否定的。易中天教授讲过这么一句话："知识可以授受，智慧只能启迪。"这很好地说明了两者的区别：知识是从外向内的，智慧是从内往外的。

佛经中提到的"转识成智"，也有类似的意思。既然识是识，智是智，两者自然是不同的事。佛经中的"识"与"智"专有所指，但本书借用下这个概念，泛指知识由外向内的转化。

既然内外有别，从正见向智慧的转化，就不会自动实现。这点常常被过度简化或忽视，以至于结果无效或重来。这次为了避免重蹈覆辙，我们将这条并不简单的"智慧线"分成几段来讲。

1. 从知识到理解

我们听到的正见，其实只是外来的知识，尚未转化为内在的意识。因此在历史上，往往越有知识的人，越意识到知识的局限性。其中，最爱讲道理也最能讲道理的当数我国的儒家了，《论语》洋洋洒洒几万字，讲的都是孔老夫子的正见，可孔子的学生子贡对此持保留意见，他说："夫子之文章，可得而闻也。夫子之言性与天道，不可得而闻也。"翻译为白话就是，孔老先生所写的文字容易明白，但所讲的意境，绝非光听就能明白——真正的理解是超越文字的。

虽说"知识怎样转化为智慧"说来话长，但"知识常常没有转化为智慧"的确是事实。到了我这把年纪，以前的同学经常闲聊的一句话是"把知识都还给老师了"。想想我上过那么多课，除了小学时的眼保健操还在做，中学时同学们的早熟还羡慕，大学时校园的自由风气还怀念，其他能记住的真不多。这就是授受知识和启迪智慧的不同吧。

2. 从理解到运用

即使理解了正见，还要学会运用正见。

说来奇怪，我们头脑中的认知并非自动落实为行动。打个比方或猜个谜语吧：烦恼相当于门锁，正见相当于开锁的钥匙，什么情况下会出现带着钥匙却开不了锁的情况呢？

第一种情况是"钥匙太多，以至于不知道该用哪把钥匙"。类似地，如果正见太多，烦恼时反而想不起该用哪种对治。正因为如此，我们先把感恩、讲和、当下总结为人生正见的三把钥匙。

第二种情况是"该掏钥匙的时候，手却不听使唤"。同理，大脑会在不知不觉中受控于负面思维，最好的例子就是抑郁症——起先看似合理的念头在脑海中盘旋，后悔、忧虑、自责、焦虑，当患者感觉生病的时候，已经在灰色的旋涡中动弹不得了。

第三种情况更可笑，就是"钥匙还来不及掏，事情已经过去"。比如，不管我们读过多少本控制愤怒的书，气头上恐怕都记不起任何书上的道理。当自己怒气冲冲地摔门而去后，才猛然想起："咦，明白的道理都哪里去了？"

3. 从运用到信念

运用了正见，还需将其巩固为信念。

这就是孔子身体力行的"择善固执"。先说择善,即选择正见。孔子宣扬过的理念很多,光"仁"字就有四种说法,其实都是善的体现——他一生都在择善。

再说固执,即坚定不移。一旦选择了正见,孔老夫子可以说勇往直前不回头。试想以他的机智,何不顺应时世,对四处碰壁的"仁政"稍加调整?根源在于,孔子是为信念而从政,不是为从政而信念的,真让现今的政客们汗颜!所以说,我们不要简单地理解什么"惶惶如丧家之犬",那是孔子的自嘲,人在低潮的时候还不能有点幽默感吗?就算从敌对的角度来看,这也是一只有着坚定信念的"丧家之犬"!

私下猜测,孔子既然自己做出了表率,为什么还特意给弟子们提出"择善固执"的要求呢?这说明他老人家心里有数,我们择善,并不固执。事实上,择善容易,那是一念之间的事情;固执很难,即使有短期的正见,也容易受外界干扰,遇到走投无路就动摇了,遇到利益冲突就动摇了,遇到升官发财就动摇了。如何才能"固执于善"呢?各位会看到,本书第二部分的次序是:锻炼、应用、精进。

总结下这条"智慧线"——从听闻正见到理解正见、从理解正见到运用正见、从运用正见到坚定信念,每一步都不是想当然的事情。

甚至感恩、讲和、当下这三把钥匙,即便有效,也未必生效。试想,本书的读者认同本章之后,都会过上感恩、讲和、当下的生活吗?恐怕不会——知道了，未必领悟了；领悟了，也未必做到了；一时做到了，以后也会动摇。

有些读者想："很简单啊，现在我知道了感恩、讲和、当下的道理，接下来我会记住、运用，直到化为信念。"问题是，这不仍然是个想法吗？它仍然停留在思维层面。

思维不等于体悟

以上步骤，按照正常的认知流程已经够了，可按照佛学的思路还差一步：如何转化为智慧呢？

我们已经讲过正常的思路，一靠传授，二靠启迪。易教授认为启迪比传授好，我们完全同意。但佛学更进一步，认为智慧不仅难以传授，甚至难以启迪。

何以见得？

佛学的完整方法包括"闻、思、修、证"四个部分。其中"闻"是从外面听到的，来自传授；"思"是自己想到的，来自启迪。前两项可以归为一类——思维。

那么"修证"呢？既然它们在"闻思"之后，显然不同于思维。没错。"修"是体验，"证"是觉悟，后两项加起来，就是体悟——不再是大脑的"思维模式"，而是转化为大脑的"觉知模式"。

由此，我们看出佛学方法与传统教学方法的不同：

第一，既靠思维，也靠觉知；

第二，思维固然可以接受，但更直接、更可靠、更牢固的智慧，来自觉知。

至于思维和体悟的区别，举例说明吧。我这人有颗好心，也有个坏毛病，就是我总是给周围的朋友一些"正确的见解"。在我是发自内心，对别人却属外来之见。难怪！劝说的效果总是不佳，就像励志的效果一样有限。通常大家对我提供的正见都将信将疑，只不过程度不同而已，"信"的最大值估计是90%——有时我的威信很高，"疑"的最大值估计也是90%——威信也不至于完全消失，那什么时候朋友们才完全信呢？当他（她）们亲身经历印证后，那时不是90%，也不是99%，而是100%确信！

比如，新闻常报道说黄金周人山人海，因此我总劝周围人节日在家静休。某次国庆假期，有个朋友要去大理，"听说那里很美""听说人没那么多"。我忍不住提供自己"正确的见解"，冒昧地建议其三思而行，主要是考虑到中间飞机还要转几次，而且万一被她不幸言中"真的很美"，那去的人岂不更多吗？其实我的建议何尝不是思维，因为我并没去过，但她觉得"很美""人不多"也是思维，因为她也没去过。结果呢？这位朋友带回两条体悟：第一，大理确实很美；第二，黄金周再也不出门了！你看，受一圈罪后，果然得出了内在智慧——不再是"闻思"，而是"修证"了！事实证明，"修证"确实比"闻思"牢靠多了，以后这位朋友长假静休，再也不用别人劝了。

另一个典型案例是子女教育。可怜天下父母心！我们都爱子女，子女又何尝不爱我们，但别指望他们因此就会接受我们外来的正见。有青春期子女的父母们都知道，那段时间，子女一定会反过来听，父母一定要反过来讲才行！对于这些既不能传授又无法启迪的小孩，我们真没别的办法，只能祝愿日后生活的"体悟"赋予他们智慧吧。

与上述相比更糟糕的情形是，一次体悟不够，还要不断体悟，俗称"好了伤疤忘了疼""经一事不长一智"。比如，我十年前就劝身边的一个亲戚不要做生意，因为"如果缺钱还好，如果生活没有那么紧迫，技术又没什么优势，做生意那么容易吗？更何况每个人都有自己的长处和短处，要找到自己的定位很不容易"。假如这些算正见的话，那"励志"的效果很差，因为她听了我的建议后，毅然从原先的工作岗位辞职，先开始做服装生意，结果两年后清仓时家里堆满了服装；消停了一段后，再做书本生意，结果两年后清仓时家里堆满了书本；又消停了一段，接着做饮料生意，结果呢？你也猜得出，清仓时家里又堆满了饮料！经历了无数磨难，猜猜这位亲戚见我时说的什么？就是我最早劝她的原话！

当时我想，经过了这些体悟，她应该终于不再需要正见了吧。没想到好景不长，最近听说她又开始琢磨食品生意了——我不由得倒吸了一口凉气。所以朋友，要知道你的情况不一定最差，尤其是在读过本章以后。

体悟下两者的差别吧：把"感恩""讲和""当下"写在一张纸上，用眼睛看着这三个词，这种从文字跑到大脑里的三个概念，只能算思维的正见。但它们仅仅是我为各位挑出来的或总结出来的三个"概念"吗？不，概念是二手信息，我给各位的是一手信息——体悟而来的正见。就像当你眺望着夜空，被夜空中空寂的静触动了，以至于不知道该怎么来描述它。当我要描述一切都寂静下来以后的"本来之心"时，也被它深深的静触动了。该用怎样的文字描述呢？真相是不需要符合头脑的，就像夜空不需要去符合"夜空"一词那样。尽管文字是贫乏的，但我选择了"感恩、讲和、当下"，因为它们是最接近心灵真相的文字。我甚至没有选择"快乐"，因为它并不接近心灵的真相。

别急，你也会看到这个真相的，而且无须坐上七天七夜。

总结本章的内容，正见是我们自我平静过程的核心步骤，但这重要的一步，不能是唯一一步。

各位回想一下以前听过的励志故事，或许以揭示某种理念为高潮，然后戛然而止吧。但这次不同的是，我们的故事远未结束，高潮还没开始呢。

第五章

为何烦恼重来

"以识破识"的问题

通俗地讲，原因就是"以识破识"效果有限。

我们可以先从两个很简单的科学实验中得到启发。

实验一，在桌子上放一杯水，把一个海绵球浸到水中、沉到杯底，如何让油进入这个海绵球呢？直接把油倒进杯子的话，油将浮在水面，而海绵球仍是水性的。

同理，我们的大脑就像上述实验中的海绵球，大脑中的知识和记忆就像占据在海绵球里的水，现在从外面来了一个新的理念，像油一样被倒在水中，各位觉得它真进入我们大脑了吗？当然没有。

这个现象不奇怪，不这样才奇怪。想一想，我们每天接触千奇百怪的各种理念，如果都被记住的话，大脑一定会不堪重负，幸好它有难以预测的过滤机制，只让外界信息中的一小部分转化为意识，而让绝大部分外来的理念，即便在意识表层短暂停留，也像漂浮在水面的油一般，风一来，就被吹走了。

实验一启发我们：外来的理念不易进入，我们称为第一种"识"。

让我们再把前面海绵球的模型放大些。

实验二，2010年6月，英国石油公司在墨西哥湾的油田错打了一个窟窿，结果大量海底石油冒出，连续几个月怎么堵也堵不住，造成的海面污染大到从月球上都可以看见。对海洋生物来讲，可谓飞来横祸，更确切地讲是地冒横祸，鱼类、鸟类的尸体漂到了几百海里以外的美国沙滩。在看这段新闻的几个月当中，我终于意识到：还真没什么好办法能让海面的油跑回海底！

同理，大脑中意识流动的方向也类似：认知深藏在我们的大脑之中，它不断冒出各种念头，可反方向来看，要把念头退回认知难以实现！

这个现象也不奇怪。如果我们把大脑中的意识结构分为两层，浅层意识类似上面的海水层，而深层意识则类似下面的地壳层，我们无法接触，甚至难以描绘，却显示出从内向外的心理动力。

实验二启发我们：内部的记忆不易取代，我们称为第二种"识"。

加起来，凭什么说"以识破识"效果有限呢？

前一个"识"相当于积极的理念，后一个"识"相当于烦恼的念头。前一个"识"被阻碍在大脑之外，不易进入；后一个"识"深藏于我们的意识内部,不易取代。双方的地位如此不对等,励志怎么可能有效呢?哪怕是用正见去取代烦恼,哪怕是用真理去取代谬误!

当然"以识破识"还只是通俗语言解释,如果再用现代心理学语言解释,就是大脑为外来理念设置难以逾越的障碍——潜意识和习惯。

好像东野圭吾的侦探小说,经过漫不经心的交代,终于出现了破案的线索,本书也终于迎来了反面角色——反面角色还不止一个,看来这是起"共同作案"。

潜意识

如果有人问：你的大脑中住着几个"你"？

一般的回答是：那还用问吗？就一个"我"啊。

我的回答是：起码有两个"你"，时常还会感到三个"你"。

这听起来像不像精神病人间的对话？如果有朋友像我这么回答，你一定觉得这个人是不是出了问题，需要立即去看心理医生。但问题是，你从医生那里会听到与"病人"相同的说法。

这是因为，多重自我，不管是按自我、超我、本我划分，还是按意识、前意识、潜意识划分，早已是心理学上的共识。一百多年前，弗洛伊德就曾说："在我头脑里面有一个人，但不是我。"他的弟子荣格也说："我们每个人身体里面都有另外一个我们不知道的人。"他们所指的都是潜意识。[1]

有人问：潜意识是不是西方常说的第六感（The Sixth Sense）？也是，

---

[1] 本书的潜意识或深层意识，相当于弗洛伊德所说的"前意识"和"无意识"的总和。

也不是。说它是，因为第六感指的是非常规意识，而潜意识确实属于非常规意识；说它不是，因为西方人少算了一个数字——按照佛学的说法，常规意识包括六种意识（六识）：视觉、听觉、嗅觉、味觉、触觉、念头，分别源于眼、耳、鼻、舌、身、脑六个器官（六根）。这样把非常规意识排在常规意识之后，潜意识应该叫第七感（The Seventh Sense）才更合理吧。

回到上面的对话，潜意识相对于意识而言，一个是不可控、不可觉知的神经活动，一个是可控、可觉知的神经活动。再加上前面介绍过，念头也常常自称为主人，如此算来，不是在小小的大脑空间中住着三个自己吗？

在这三位中，念头不是你，但意识与潜意识确实是你。

最早明确使用"潜意识"一词的，不是弗洛伊德，而是英国学者威廉·卡朋特，他如此形容大脑中的两个系统："两股完全不同的精神活动，像两列并行的火车，一个是意识，另一个是潜意识。"[1] 多么形象，"并行"很适切地暗示了两者不是非此即彼，而是同时存在。

那么这两列火车，哪个为主呢？潜意识。

首先，它负责我们的基本生存功能，方法是让这些功能自动化。试

---

[1]（美）列纳德·蒙洛迪诺著，赵崧惠译：《潜意识：控制你行为的秘密》，中国青年出版社2013年版，第36页。

问，夜里睡觉的时候，谁负责呼吸、心跳呢？你肯定说是自己啊，可具体说来，是自己的哪一部分呢？在无梦睡眠之中，身体是休息的，念头是休息的，意识也是休息的。忘记在哪里看过一个很好的说法："如果呼吸需要提醒的话，那我们很可能早就忘记呼吸了，就像我们经常忘记很多事情一样。"谢天谢地这没有发生！

其次，它让我们对外界做出最快反应。当遇到威胁的时候，肾上腺素的自动分泌会触发全身紧张，让动物本能在最短时间启动——或全力迎战，或拔腿就跑！比起非洲大草原上其他竞争对手的实力，对我们祖先而言，拔腿就跑可能比全力应战更重要，见到狮子的时候，大脑还来不及想，腿已经不由自主地抬起。可见不是意识，而是潜意识，才让原始人类生存了下来。

最后，它比意识承担着更大份额的工作。我们每天的行、住、坐、卧中的大部分动作，看似轻松而漫不经心，实际都被潜意识默默地承包了。如弗洛伊德所言，潜意识控制着我们的生活，可能有人不愿意承认这点："不对，醒着的时候自己很有意识啊。"其实即使醒着，我们意识到的内容也非常有限，因为身体中要处理的杂事太多了。

打个比方吧，大脑就好像庞大的通用汽车公司，在里面，意识好比几十个人的董事会，潜意识好比下面的十万名员工、上百万个制度、上千万个流程。谁在运行这个通用公司呢？真的很难说。好像每次出镜的

/ 第五章 /　　为何烦恼重来　　　　　　　　　　　　　115

都是董事会成员,其实他们只负责公司 1% 的非常规事务,美其名曰重大决策,而公司中 99% 的事务都属于常规事务,是由下面的员工根据制度和流程自动完成的。比如交煤气费、交水电费这些杂务,董事会知道吗?比如流水线上装配的技巧和方法,董事会知道吗?比如迟到早退的规定,董事会知道吗?答案是:董事会都不知道,也不需要知道,如果都知道的话,董事会就崩溃了。说实话,通用公司每年生产的一千万辆车与董事会关系真不大,证明就是如果董事会放假一年,估计明年的产量还是一千万辆。这都要感谢通用公司的基层员工以及通用公司从 1908 年以来积累下来的流程和制度,恰似潜意识为我们所做的工作。

好,潜意识理论解释了潜意识是正见的障碍,可第一章中的认知理论又讲正确意识的重要性,两者是否矛盾呢?

认知理论关乎我们大脑中的"第一辆意识的火车",它告诉我们:意识是重要的,因为积极的行为来自积极的意识。

潜意识理论揭示了在第一辆意识的火车后面,还隐形飞驰着"第二辆潜意识的火车",它告诉我们:积极的意识并不容易获得,因为它受控于我们无法察觉的潜意识。

所以说,这两种理论并不矛盾,相反,它们帮我们明确了下面的两个步骤:首先,正见要进入潜意识,转化为正确的认知;其次,正确的认知要指导实践，转化为正确的行动。

有了潜意识理论，我们才好回答前言中提出的问题：为何理念来了又去？为何烦恼去了又来？原因在于，理念深入潜意识的过程，自然不会像读一本书、看一场电影、听一堂课那般简单。

我们并不是说所有的励志都无效，也不是说所有的烦恼去了一定又回来，而只是说：请降低预期。就像一场三流球队对世界冠军的比赛，再弱的球队也有偶尔进球的时候吧，但在大多数情况下，弱队的比赛结果并不乐观，如果把赌注全部押于弱队并不明智。同理，在励志与潜意识的比赛中，前者无效、后者有效的可能性很大，明智一点的话，就该另寻办法。

那如何才能让理念进入潜意识呢？

说来有难度：之所以"潜"意识不是"显"意识，就是因为找不到它啊！

习惯

我们看不见潜意识,却能看见它的结果——习惯。

与潜意识一样,习惯也和人类的本质有说不清道不明的关系。如亚里士多德所说:"每个人都是由不断重复的习惯造成的。"也如萧伯纳所说:"人喜欢习惯,因为造它的就是自己。"前者说的是人离不开习惯,后者说的是习惯离不开人。根据耶鲁大学认知科学教授简德乐所做的测试,希望改变习惯的学生超过92%。尽管这个愿望能否实现将被证明是另一回事,但已说明了现代人对习惯的重视度。

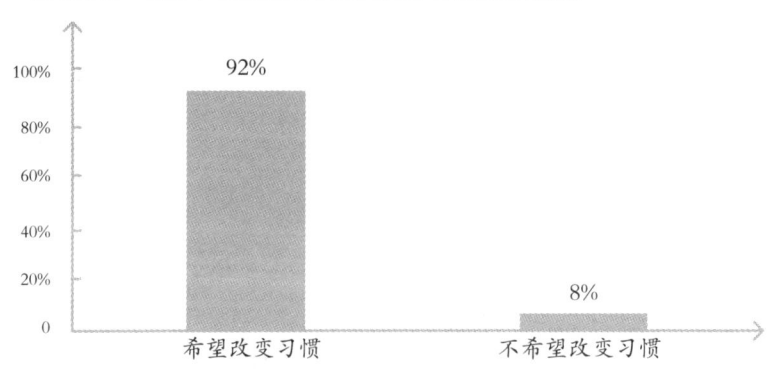

在我看来，习惯起码应该符合两个特点。一个特点是简单重复。回想一下什么样的动作最容易变成自动模式？很明显，不仅要简单，而且要重复，最好既简单又重复。比如开车、洗澡、吃饭、走路等，大约占用了我们清醒时间的三分之一；如果再算上睡眠，等于我们一天中的大部分时间；如果再折合到一辈子，等于我们大半个人生！

习惯的另一个特点是无意识（无觉知）。记得大脑中的两个并行系统吧，习惯和潜意识归属为自动模式的系统。而意识属于新建模式的系统。大脑一旦识别某个动作可以重复，就会立即把这一动作划入自动模式，直到在潜意识的控制下，被固定为下一个习惯。

大脑如此识别的原因只有一个：节能。在长期进化的过程中，人体培养起许多省心、省力的方法——省心靠潜意识，省力靠习惯。想想看，每次我们从外地回家，为什么都不由自主地感觉舒缓放松？因为自己又见到了习惯的人、习惯的路、习惯的餐桌、习惯的床。总之，习惯的"狗窝"。相反，如果要去见一个新的人、做一个新动作、到一个新的地方，哪怕"金窝银窝"，也会不由自主地劳神劳力，时间一长，又怀念起自己的"狗窝"了。

不仅一个人，连一个社会都可以节能。如果把社会看作一个人，就会发现按习惯运行的社会秩序良好、管理成本很低，比如新加坡和日本；而不按习惯运行的社会，民众各行其是、管理成本较高，比如美国。但这都不是最差的，比没习惯还差的是按坏习惯运作的社会，某些国家政变成了习惯，某些地区绑架成了习惯，那就很难好起来了。

也与潜意识一样，习惯是正见要面对的另一座大山。

最明显的是习惯行为。比尔·盖茨讲过一个故事，来表达自己退休后的不适应。作为世界首富的他，一直保持着亲自开车送小孩上学的习惯，问题是他开车时经常走神，直到好几次小孩在后座疑惑地问他："爸爸，我们到微软公司做什么呢？这不是我们学校啊？"他才意识到，又开到了已经习惯但是错误的目的地了。

不太明显的是习惯情绪。一般人提起习惯，往往以为我们指的是某个动作。其实动作只是表象，背后的本质是意识上的惯性。比如很多恐惧症患者，一到夜里独处的时候就无理由地害怕；再比如有人排队时，被后面撞了一下，就会不由自主地发火，事后自己也可能后悔：怎么就没控制住呢？其实不是没控制，而是为习惯情绪所控制。

隐藏得最深的是习惯思维。比如我们一遇到某种场景，就引发自责、嫉妒、猜疑、后悔、忧虑，接着引发情绪上和行为上的连锁反应。这与之前的念头有何不同呢？殊不知，零散的念头一旦转为自动模式，就进入了"体制"。念头本来速度就快，习惯性的念头速度更快。所以说，习惯思维才是我们要对付的"念中之王"。

有了习惯的补充,我们才好解释前言中提出的另一个问题:"为什么明白了道理,却总做不到?"

原因在于:只要习惯在,道理就无法立即转化为行动。即使我们从认知上理解了,一旦走进生活的滚滚红尘,又会不由自主地按照原有习惯行动,这就是为什么人们总呼吁知行合一,结果总发现知易行难。

是敌是友

潜意识和习惯，既可以是我们的敌人，也可以是我们的朋友。

甚至成为我们智慧的根基。想想是不是这样：当我们在前面介绍潜意识和习惯的时候，把它们当成顽固抵挡正见的大脑中的两座大山，它们让理念来了又去，让烦恼去了又来。但这两个顽固的敌人，不可以变成同样顽固的朋友吗？如果我们形成积极的潜意识，将不太容易受负面思潮的影响；如果建立了良好的习惯，要脱离正轨也难。

"是敌是友"容易，"化敌为友"很难。前者有关如何建立潜意识和习惯，后者有关如何改变潜意识和习惯。两个问题需要分开来谈。

如何建立潜意识和习惯呢？从前者入手恐怕不大可能，潜意识我们看不见也摸不着；从后者入手倒有可能，习惯我们看得见、摸得着。于是，两个问题合并为一个问题：如何建立习惯？

常规方法很简单：重复。重复等于习惯，而习惯改变潜意识，因此这是改变两者的常规途径。

讲个减肥的例子吧。之所以以此为例,是因为没有比体重与习惯的关系来得更为密切的因素了,也没有比体重更让现代人揪心的了,尽管我曾很长时间以为这个话题与己无关。原来拜父母遗传,我从年轻时起就是个号称怎么吃也吃不胖的帅哥,可人到中年,却变成个怎么吃都会胖的某总。这一前一后两个"怎么吃",其实分别隐含着一系列生活习惯——都是习惯惹的祸,只不过当时没有察觉罢了。前几年到医院体检,称体重时吓了一跳:89公斤!虽然镜子前的我仍然自信满满,但体检的指数令人不安地一路超标。在医生的建议下,我痛下决心,制定了三年的减肥目标——73公斤。长话短说,通过六年的努力终于达到了目标。这中间我做了什么呢?改变了饮食频率的习惯、改变了饮食品种的习惯、改变了锻炼的习惯、改变了起居的习惯,甚至改变了去卫生间的习惯。如此多的习惯,难怪几经反复,花了比预计多一倍的时间!

按说我应该庆祝了吧?不。就在我突破性地接近73公斤目标的时候,出现了一个意想不到的现象:在新的习惯下,减肥居然停不下来了!我的体重不顾我的意愿继续下降:72公斤、70公斤、68公斤……毫无疑问,本书的中间部分是我在"皮包骨"的状态下写出来的。这时我才发现,不仅减肥需要习惯,连停止减肥也需要习惯!于是,我急踩刹车般再次调整各种习惯:饮食频率的习惯、饮食品种的习惯、锻炼的习惯、起居的习惯,以及(非常重要的)去卫生间的习惯。终于体重在66公斤打住，慢慢回升到正常标准。经过这番折腾，一个惊人的好处是，现在这位帅得不得了的叔叔不再需要体重计了，有习惯在帮我看着呢：73公斤。

结论是：建立潜意识、建立习惯，方法在于重复。

接下来，如何改变潜意识、改变习惯呢？

那就连常规方法都没有了。因为大脑的设置是，它们一旦建立，就是为了重复下去，不再改变。两个简单的证据是，我们不容易劝说一个暴力分子去信教，反过来也很难强迫一个佛教徒去杀人。

比如，我身边有多次戒烟、年年戒烟的朋友，这些朋友勇敢地面对坏习惯，屡败屡战，屡战屡败（更别提战斗在戒毒第一线的众明星了）。过程大致如下：首先，命令无效。比如今天自己跟自己说一百次"立即戒烟"，明天就会戒烟成功吗？没听说过。事实上，今天还可能成功，明天却一定失败——励志的保质期是短暂的。其次，警告无效。我们无数次被烟盒上的字提醒"吸烟有害健康"，不仍然视若无睹吗？恐怕如此，因为我们未必真心认同这有什么大不了——励志的效果是有限的。最后，用新习惯取代旧习惯无效。比如我们今天嚼口香糖、明天嗑瓜子，好像它们都与抽烟并不矛盾。

普通人如此，以理性和毅力著称的精英们是否会好些呢？回到耶鲁大学简德乐教授的测试,她接下来的问题与如何改变习惯有关:既然最常见的方法是自我认知,有多少人可以说服自己坚持做到呢?答案是35%,其余65%的耶鲁精英承认——自己的认知无法改变自己的习惯。

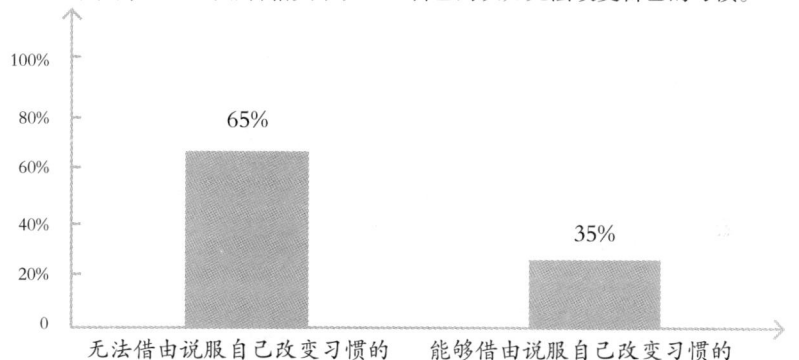

	无法借由说服自己改变习惯的	能够借由说服自己改变习惯的
	65%	35%

马克·吐温说:"习惯是很难打破的,谁也不能把它从窗户里抛出去,只能一步一步地哄着它从楼梯上走下来。"至于怎么哄它下来,马克·吐温先生没有讲。事实上,转化习惯的成功率,就像转化人的本质那般难测。

结论是:**改变潜意识、改变习惯尚无常规方法。**

各位会好奇:这是否暗示还有非常规方法呢?的确。本书说的改变潜意识和习惯,绝非空谈,那是一种需要锻炼才能形成的特殊能力。之所以在这里先讲清楚什么做得到、什么做不到,为的是打消各位走捷径的幻想。

修心没有捷径

在理解了潜意识和习惯的障碍之后，我们自然容易理解：修心没有捷径。

太遗憾了！我们对捷径有种天生的热爱。现代生活如此忙碌，很多人恨不得一步当两步走，恨不得一辈子当两辈子过。这本无可厚非，但唯一的问题是，捷径解决不了问题。

既然从心里难以接受这种事实，有人一听说"没有捷径"，就准备逃避了。记得在第一章中，我们分析了面对烦恼的三种态度——改变认知、改变环境和逃避。前两种选择我们已经讨论过了，现在讨论下最受欢迎的第三种选择——逃避。

试问，当大家面对难以解决的困难、心生烦恼的时候，会不会说"我要修心"呢？不，根本别指望！最省事的办法就是把头埋进沙子。尤其是当提到下面要实修的时候，很多朋友就像魔术大师一样，一个借口就能让自己神奇地从舞台上消失。其实，我们所谓的实修，倒不是要承受什么身体之苦,但毕竟要付出一定的时间和精力。

当然,这些朋友不会直接说"我要逃避",他们会用更巧妙的方式,或者问:"没有更简单的方法吗?"或者问都不问:"我自有更简单的方法。"

有趣的是,当我写到这里的时候,在网上看到一个小统计,好像谁在配合本书进行问卷调查似的,主题是:"你如何克服负面情绪?"

编号	1	2	3	4	5	6	7
选项	看电视听音乐	睡觉	上网	旅行	聊天	静思	聚会
统计	63%	55%	40%	34%	25%	23%	7%

从结果可以看出,看电视、听音乐居首,依次是睡觉、上网、旅行、聊天、静思、聚会。在七个选项中,除了静思归类于纠正认知外,其余六项既不属于纠正认知,也不属于解决问题。那属于什么呢?如果称为逃避,各位不会心服口服,那就称为放松与转移吧。

首先要澄清的是,放松不等于平静。

前者是一种身体状态,而后者是一种心灵状态,两者相关但不等同。想象一个典型例子吧,抑郁症病人把自己闷在屋里,外表很平静,大脑却"乱如麻"。也就是说,**内心平静一定会让身体放松,但身体放松未必会让内心平静**。对于特别疲劳的人来讲,放松确有一定的平静效果,只是效果未必长久，而对身体并不疲劳却一天到晚惦记着要"去哪里轻松下"的朋友来说，心灵不会因放松而提升。

其次要澄清的是，转移也转不来平静。

它既改善不了环境，也改善不了认知，当我们从转移中回到现实，就会发现烦恼仍在原地。更糟糕的是，有时我们不管转移到哪儿，烦恼都跟到哪儿。作家拉尔夫·爱默生如此调侃自己的经历："我收拾好了行装，挥别了朋友，去出海旅行。当我在那不勒斯醒来的时候，发现躺在我旁边的，仍然是那个我试图逃离的、悲伤的、苛刻的、一模一样的自我和现实。"那么，很多到丽江或西藏散心的朋友，是否也有类似的感觉呢？

结论是：虽然这六项有暂时的疗效，但它们都与我们的目标——平静——没有必然的联系。

此外，我再补充下统计中遗漏的"捷径"。

一种可谓是压制法。既要平静，又要压制，这不是很矛盾吗？确实，这不是平静的方法，而是高压锅、炸弹的原理。我们周围也有朋友迷信这种方法，一旦遇到更大的烦恼，就苛求自己加压再加压，但愿不要超过高压锅的限度。

还有一种可谓是充电法。短期充电是去上培训班，长期充电就是去"再学一个专业""再拿一个学历"。不知道为什么，总有年轻人一旦在社会上遇到迷茫，不管是失业还是失恋，就采取与众不同的解决办法——重回课堂，好像课堂里有人生答案似的，好像考试可以让心灵毕业似的，其实这何尝不是一种注意力的转移。

如果因为自己发现遗漏了某种特殊技能，那回学校充电一下无可厚非。但如果仅仅是因为自己在社会上迷茫了，或者太烦恼了，那多几个证书不会解决问题吧？起码答案是"不清楚"。但有时正是那种"不清楚"的感觉，催促着充电者匆匆赶回学校，他们心里一定在想——知识就是力量。

真的吗？对物质世界而言，知识有用不假，但对精神世界来讲，知识不等于智慧。就像一部手机的功能那样，比"多充电"更有效的，或许是"待机久"吧。我们要想让心灵这部手机在烦恼中"待机久"，就要先学会自我平静。

一句话，没有捷径！放松、转移、压制、读书、上课、看电视、听音乐，都经不起"烦恼重来"的检验。

我们可以总结一下"为什么励志不再有效"了，大致有五点原因：

第一，在理念之前缺少了觉知，这造成了念头的审核者缺位；

第二，在理念之后缺少了实修，这造成了理念无法深入，也无法巩固；

第三，外在的理念不等同内在的智慧，更不等同运用智慧和巩固信念；

第四，要将理念转化为智慧，就要越过潜意识的障碍；

第五，要将理念落实为行动，就要改变旧有的习惯。

确切地讲，并非"励志不再有效"，而是单靠正确理念的励志未必有效。道理很简单：理念之前的工作没有做，理念之后的工作没做完！

确切地讲，并非"励志一定无效"，而是励志效果难测。同样地，烦恼不断重来、去了又来的事实提醒我们，如果缺乏完整的步骤，谁也不知道励志何时有效、何时无效。

在某些情况下，我甚至可以宣称：励志完全无效！为此，我准备了充分的证据，就在大家身边的、大规模的证据。

第六章

为何抑郁不散

奇怪的抑郁症

"听说罗宾·威廉姆斯因为抑郁症自杀了。"

有没有搞错,这可是一位三次获得奥斯卡奖提名的喜剧明星!在此之前,我们已经逐渐熟悉了明星们因为抑郁症而自杀的新闻。罗宾·威廉姆斯的名字从来是和哈哈大笑联系在一起的,从《早安越南》到《窈窕奶爸》,再到《博物馆奇妙夜》,我们这一代人要感谢他用笑声伴随了我们二十多年,谁会想到他会自杀呢?

不知从什么时候开始,抑郁症成为一种流行,不仅存在于精英阶层,而且存在于周围的亲友中。以我这么小的社交圈子,身边就有三五个患抑郁症的例子。其中之一是上次我回北京,父母告诉我,他们的一位老同事爬到楼顶上吊了。"她患有抑郁症,一直想走,只不过这次家里人没有拦住。"另一个例子是我同事的嫂子,才四十几岁,就因为婚姻问题长期抑郁,最终在一天晚上跳楼了。最后一个例子是我的一个光头小兄弟,他人倒是健在,只是谁都没想到他会得这种病。这位光头兄弟从农村出来后就一帆风顺，才三十几岁就做了管理几百名下属的老总，但他就一个毛病，目标太明确：对钱处于永不满足的亢奋状态。我因此经常笑话他财迷心窍。结果事业在他四十多岁时突然出了麻烦，当然，还是钱惹出来的麻烦，和单位及周围的人都闹翻了。这下怎么办呢？往回走没有脸面，往前走又困难重重，过去的酒肉朋友各奔前程了，于是几个月之内他就从极度乐观变成抑郁症。好在生病期间，我的弟媳给了他很大帮助，"成天跟着他"。在亲情和医生的帮助下，这位兄弟终于康复了，但愿我的些许帮助也起过一点小小的作用。而且不幸中的万幸是，经过这次打击，他终于开始反思财迷的坏处了！

似乎越发达的国家，情况越严重。美国，每年有1100万人患病，治疗费超过200亿美元；英国，每年医生为抑郁症开出1600万份处方，付出86亿英镑的代价；德国，据其卫生部统计，8000多万人口中抑郁症患者达到400万；法国，每年有8%的15岁至75岁的人群患有抑郁症，相当于300多万人。

在这方面，中国也快速步入了发达国家的行列。根据北京大学精神卫生研究所提供的资料，中国抑郁症的患病率为10%—15%，与发达国家的统计结果类似。另根据"关注抑郁症社会经济负担中国学术研讨会"的报告，抑郁症患者大约有2600万。这不能不令人深思：过去困难时期，大家都一门心思要生存下来，怎么现在生活好了，反而一门心思不想活了呢？

第一要务是先定义清楚：抑郁症是一种综合疾病，抑郁是一种心理状态；因为只差一个字，两者很容易被混淆：前者包括生理、心理、环境因素，而后者仅是心理因素。

可是，按定义判断太麻烦，有没有简单的窍门呢？在我看来，最好的"试金石"是欲望。之所以说抑郁症是一种奇怪的烦恼，因为其他忧、悲、恼、苦，好像都引发于某种欲望，理所当然被解释为"欲望的恶魔"。但我们问一个患抑郁症的人想要什么，却好像完全问错了对象，比如你问他——

"去看个电影好吗？"回答是"不想去"；

"你不是爱吃韩国料理吗？"回答还是"不想去"；

"你喜欢的那个女孩来电话了。"回答是"不想接"；

"你不是在床上都睡得头疼了吗？"回答是"不想动"；

"你的外婆去世了。"回答是"那好吧"。

还可以用下面的辅助判断：当事人是否逐渐失去了原来对食物、娱乐、衣服、性欲的爱好；当事人是否逐渐远离朋友、不想出门，甚至不再重视仪表；当事人是否精神恍惚、犹豫不决、萎靡不振。如果出现上述状态，这位朋友可能就是患上抑郁症了。

难道欲望真的消失了吗？当然不是，那仅仅是表象。在无欲望的背后，抑郁症患者的心里埋藏着非常专注的欲望，我们勉强称之为人生目标吧。当这些朋友突然失去了对目标的希望，就会产生一种陷入死角的感觉：往前看，看不到出路；往后看，都是自己的错误；往自己看，内心充满了自责；往两边看，觉得每个人都过得比自己开心。希望不见了，活力也不见了，从旁人的观察看，都不理解这个人为什么愁眉不展，仿佛世界末日一般。相反，如果某人仍然贪吃、爱美、享乐——对，就是还在东张西望、想放下书、找朋友玩的某人，那就不会是抑郁症。但仍然不能掉以轻心。

抑郁症最可怕的地方，在于它有太多的隐蔽性。

第一种隐蔽性：抑郁症看起来不是病。想想看，一个人的各种生理指标都正常，既没发烧，也没不舒服，为什么要去医院呢？我们偶尔也觉得"最近不太开心"，可如果持续太久，就要想想办法了。

第二种隐蔽性：很多天生乐观的人也会得这种病。这既让当事人完全没有心理准备，也让身边的人完全没有心理准备，措手不及。其实在事情发生之前，这些乐观的朋友都把抑郁症当花边新闻来读，觉得这不是离自己很远的事吗？即使在忧郁发生的时候，他也容易处于麻痹状态，一时片刻不会联想到是自己病了。

第三种隐蔽性：抑郁症会在很短时间内达到高潮，这与其他疾病很不同。不管是心脏病还是癌症，多少还有一些抢救时间，可抑郁症患者一旦走向自杀，就没有任何挽回的余地，这就是为什么抑郁症新闻往往显得事发突然。根据世界卫生组织（WHO）的最新报告，在过去10年当中，全球每年约有80万人自杀，平均每40秒就有1人自我结束生命。而抑郁症的自杀率为10%—25%，是导致自杀的主要原因。所以，不管察觉到谁有这种危险的念头，我们都应该做件好事——第一时间伸出援手。如果不好意思直接讲的话，就把本章当作礼物送去吧。

第四种隐蔽性：抑郁症一般人很难理解，甚至试着理解也难。大多数人没有意识到的是，自己在从小到大的过程中，对很多病情已经有了心理准备，可抑郁症不在其中。比如我们小时候都得过感冒，因此很理解家人感冒的症状；我们小时候都拉过肚子，因此很理解消化不良的难受；但谁小时候得过抑郁症呢？自然无法感同身受。

第五种隐蔽性：抑郁症患者从心里排斥任何措施。他已经被负面念头完全笼罩，就像陷入泥潭的人一样无法自拔，只能靠周围的人帮助——在太晚之前。

关于这么复杂的问题，我只想说明与本书主题相关的一点：抑郁不像想象中的那般简单。想象中，抑郁简单到什么程度呢？遇到抑郁问题，一般人往往寄望于励志教育,不是鼓励,就是责备。这耽误了很多时间,而这正是问题所在。

别忘了,"励志"可是我们迄今为止为抑郁群体提供的最帮不上忙的帮助——"人生不是很美好吗?振作起来吧!"也别忘了,"批评"是我们对这些朋友经常说的他或她最不爱听的话:"有什么可抑郁的呢?不要自暴自弃下去啦!"

励志教育不仅解决不了问题,反而会坏事,因为"大道理"固然出于好意,但要么让当事人更觉得自责,要么让当事人更觉得不被理解。两种结果都有违我们伸出援手的初衷。

其实各种烦恼的起因不同,我们对治的方法也应该有所不同吧。遵循对症下药的思路,本书把烦恼分为三类:对源于念头的烦恼,后面将介绍"观念头"的方法;对源于情绪的烦恼,后面将介绍"观情绪"的方法;而抑郁被单列于此,是因为它不属于普通的念头或情绪——**在心理因素之前,还存在着更重要的生理因素和环境因素。**

最明显的是生理因素。

"立即看医生",这是所有抑郁症书籍的建议。如果没有时间去读所谓的专业书,那记住这条就足够了,其余内容医生会告诉你的。

然后"立即吃药"。之所以催着看医生,更重要的原因在于,只有医生才有权开药!近年来的医学发现已经证明,患者大脑中血清素等神经传递物质的减少造成了生理紊乱，因为发作以后的抑郁症主要是生理疾病，当然需要先吃药才能缓解症状。

还要"坚持吃药"，旁边人的任务是劝说吃药。之所以要劝说，原因在于，当事人抑郁到一定时候，连吃药也会消极抵制，比如他或她会问：这个药物的治愈率是多少啊？如果你说成功率是80%，他或她就把自己归类到那不成功的20%；如果你说成功率是90%，他或她就把自己归类到那不成功的10%；如果你说治愈率高达99%，他或她就想象自己是那失败的1%！所以，这样劝说吧：只有对思想家之类的天才，药物治疗才可能失败；对你这位普通人，一定会成功！

除了生理因素，不太显而易见的是环境因素。为何抑郁会长期、持续、反复？最根本的原因在于环境。下面介绍的两类人群尤其需要关注，他们所受的环境影响，一种是职业、职务带来的，一种是集体、社会带来的。

精英的烦恼

企业家、金融家、高管、明星、导演、校长、主任……这是理想职业的排行榜吗？抱歉，这是精神疾病的高发榜。

有种说法是"成功人士更容易得抑郁症"，起码并非天生如此。因为我见过的成功人士大多天性乐观，身上的每个细胞都散发出正面的感召力。如果没有正能量，难以想象这些人会一步步取得今天的成就。

但为什么会有这种似是而非的说法呢？我想主要原因是"精英人物"和"抑郁症"两个词反差太大。在一般老百姓的眼中，这些人"该有的都有了吧"，或者"看着不是乐呵呵的嘛"。其实，倒不是这些精英人士真的缺什么，也不是装得春风满面，而是另有隐情，对某些人来讲，甚至是注定的。

我先列出三点比较容易想到的解释。

第一是所谓"爬得越高，摔得越狠"。他们拥有的越多，自然可能失去的也越多，尤其可能失去自己潜意识中非常看重的东西，不外乎钱、权、名、情。其实普通人也看重,但未必拥有,而精英人士不仅看重,且拥有得格外多,结果忧虑也格外多——有钱的怕失去钱,有权的怕失去权,有名的怕失去名,爱得死去活来的怕失去情。那些嘴上说不怕的,或者非常智慧,或者自己不清楚自己在说什么。

第二是所谓"高处不胜寒"。他们的困难别人未曾遇到,自然无人理解。举个例子,如果有人向我咨询有关"事业不成功怎么办""找不着工作怎么办""交不到朋友怎么办",我还可以排忧解难。但是,如果有人问我"如何当总理""如何拿诺贝尔奖""如何出席奥斯卡颁奖仪式",我只能遗憾地回复,我真没机会遇到,因此也无法理解这种烦恼。

比无人理解更尴尬的,是无人倾诉。倒不是周围没有人,而是没有能让自己放下自我的人。其实,普通人有一项通常没有意识到的福利,就是在自己不高兴的时候可以随便向朋友倾诉,但成功人士没有这种自由,不仅他们自己觉得这么做不符合自己的光辉形象,就连被倾诉者也可能这么觉得。

比无人倾诉更尴尬的是无人询问。好比我写这本书的时候,有些专业问题不懂怎么办?我就四处去问啊,打电话去请教啊,不仅我觉得很正常,对方也没觉得不正常。要是换成名人去请教一个问题,在拿起电话之前恐怕要费不少思量吧?再遇到心灵问题,就更是放不下那个架子。这就产生了另一个问题,假若是普通烦恼还好,可假若真生病了呢?他们更不好意思去看医生,只好把难言之隐憋在心里。

第三是所谓性格问题,不外乎偏执、自恋、完美主义。如果哪位同时具备这些特质,那么恭喜你,根据成功学,你离飞黄腾达不远了。可晋升为成功人士后,你离抑郁的时间可能也就不远了。为什么这么说呢?因为上述性格加起来,既是一种"控制力",也是一种"控制欲"。控制力让人成功,对有限的方向有所掌握;而控制欲却让人抓狂,对无限的细节有所掌握。

以上三点常常被用来解释精英人士的烦恼,如果媒体上出现某位精英人士心理问题的报道,十之八九不会超过上面的范围。但我觉得还没有说到关键点。

没说到关键点可不行!要知道,精英们的智商都是比较高的,也是最会给自己找理由的。比起帮助一般人点到为止即可,要想帮助精英朋友,我们必须进一步触到痛处才行。

第一点补充,有关精英们的思维能力,所谓"成也思维,烦也思维"。试想,精英们为什么会成功?一定聪明过人吧。那精英们为什么会烦恼?其实来自同一个源头,念头的能力比一般人强。对照一下本书的内容:关于胡思乱想,精英们回忆过去、幻想未来最多!关于错误的见解,精英们最固执己见!关于潜意识和习性,精英们的潜意识和习惯最难被改变!

　　强大的思维能力,既是精英们的财富,也是他们的死穴。各位可能感到奇怪,既然已经出现过这么多精英抑郁症的新闻,为什么这些聪明的家伙不提早做些准备呢?别忘了,强大的念头在控制着他们的大脑,念头所做的一切都在加强思维的能力。类似核武器有效,但不能落入恐怖分子之手,积极的思维是好事,但若哪天被负面思维占领,要赶走负面思维,也将是难上加难的事!如果说"以识破识"对普通人效果有限,那对思维强大的精英人士就基本无效;如果说"励志教育"对普通人的抑郁帮不上忙,那对精英就只会产生更大的压力。

　　第二点补充,有关这类人士的执着精神,所谓"成也执着,败也执着"。精英们之所以成为精英,源于对某种目标的执着,而精英们之所以会抑郁,也源于对某种死穴的执着。十之八九,目标和死穴是同一个东西:比如,一辈子为财富拼搏的企业家、金融家,既会因为对财富的执着登上富豪榜,也会因为失去财富而卧轨自杀;又如,一辈子希望成名的明星、导演、作家,既会因为对成名的执着产生灵感,也会因为观众与读者的谩骂而变得抑郁。

　　第三点补充,有关这类人士的自我价值,所谓"成也自我,败也自我"。成功人士因为成功而肯定自我价值,也会因为失败而否定自我价值,在英文中叫 big ego,在佛学中叫我执。成功人士自以为更优秀,更容易产生我执。本节开始时讲到，有些人以为他们"该有的都有了，该失去点就失去点呗"，殊不知，很多精英的抑郁和焦躁，还真不是因为失去了名、失去了利、失去了权力，而是因为失去了更宝贵的东西——弗洛伊德称作"失去爱"，爱的对象不一定是人，而是一种价值观。

价值观是从哪里来的呢？潜意识。潜意识才是价值判断的来源。所以，不要以为精英人士装着潇洒，其实是他们无法意识到潜意识对自我的定位。比如，一些官员说"我不看重这个身份"，甚至摆出一副可有可无的样子，其实他自己都没察觉，在多年官场的浸染中、在别人的吹捧中、在自己的潜意识中，职位已经成为评判自己是否成功的标杆。又如，一些明星说"我不想出名"，但网评一差就崩溃，你说他在潜意识里看不看重名声？还有些明星告别会都办了不知多少次了，一旦回家听不到欢呼声，就又筹备办复出了。能复出还好办，更多时候无法复出怎么办？当这些拥有巨大声誉、地位、财富的朋友，一旦发现失去他们潜意识中的人生价值，就觉得人生趣味索然。这当然是错误的，人生本来就不是潜意识设置的那种价值、那种趣味。

最后一点补充，有关成功人士的"净相"。简单地说，"净相"分为两种：容易被察觉的是指责，不易被察觉的是比较。随便举几个比较的例子吧："我是好的，你是不好的""我是有道理的，你是没道理的""我的方法是对的，你的方法是错的""我的人生是有价值的，你的人生是没价值的""我比你优秀,因此我应该过得比你好"。但是,如果别人比自己过得好了呢?那烦恼就来了。除此之外,"净相"很重的人特别强调自己站在"有道理"的这一边,因此特别爱用自己的"道理"引出烦恼。关于"观净相",我们留待后面再详细分析。

理解了精英们也会抑郁,一方面对普通人倒是个宽慰——烦恼是公平的;可另一方面,对烦恼中的精英,本书能帮上忙吗?也能,也不能;可能非常有效,也可能完全无效。这取决于是你在控制念头,还是念头在控制你。

具体建议是"加倍"二字:本书中的所有概念,请加倍剂量地理解;本书中的所有方法,请加倍剂量地运用。原因很简单:精英们胡思乱想的能力是别人的两倍,因此需要的觉知和正见也是别人的两倍。唯有如此,本书才能非常有效——那真是我求之不得的事!

日式的压抑

我们要关注的第二种环境因素,隐患不在自己,而在集体。

所谓集体,小可以到家庭、公司,大可以到城市、国家。既然划分集体最容易的方式就是地域,那本章的例子难免涉及一些地域差异。在此需要声明,仅为差异,而非歧视。尤其我这个人一向反对歧视:大家都可能成为歧视的受害者,因此谁也别歧视谁。

奇怪,怎么一提到集体压抑,我首先就想到了日本。

日本给人最直觉的印象,就是整齐划一。记得一个叫《黑衣人》(*Men In Black*)的科幻电影吧,我不是说日本人像外星人,我只想用"黑衣人"这个词。在日本的街上,尤其上班高峰期的地铁站口,总能见到浩浩荡荡的上班人潮,与北京、纽约、巴黎的杂乱无章不同的是,在东京、大阪见到的是清一色黑衣黑裤的人潮。日本朋友可能习惯了,感觉不出来,甚至反驳说:"其他国家的人也穿黑色西装啊!"没错,但没有一个国家像日本那样整齐划一。

还有一件事情很搞笑,就是经常有西方的朋友问我:"你能一眼认出中国人、韩国人、日本人吗?"问这个问题的家伙肯定觉得我们东方人长得一模一样。我的回答是,无法从面孔上识别,但可以凭技巧识别。比如,餐厅里进来四五个男人,清一色的黑西装、清一色的黑包、没带女人和小孩的,估计是日本人。与之相反,就是服装不一致、有男有女有小孩的,估计是中国人。介于两类之间的,即服装不一致,但清一色男人或清一色女人,估计就是韩国人了。

整齐划一,与我们的主题有什么关系呢?

它透露出来的信息是不仅自己压抑,还要求大家一起压抑。之所以单独讨论集体压抑,是因为它更容易令人麻痹,因而危害更大——本来环境因素要负很大责任,但当事人往往察觉不到这点,反而归咎于自己出了问题。

这正是集体压抑的秘密,使得抑郁这件事被制度化了:社会规则、学校教育、文化习俗对个人形成了全方位的包围;制度既合法又合理,甚至被称为美德。集体压抑还导致集体麻痹,社会中99%的人会认为压抑正常,因为从小就如此,父母也如此,社会都如此。如果你是那1%的另类,周围的一切都暗示你,社会是正常的,你是不正常的,直到你也被压抑出精神疾病。相关统计印证了这点:即使具备完善的医疗体系,日本仍然是世界上精神疾病的高发国。

这里以"日式"作为集体压抑的代名词，但不表示只有日本人才压抑。只要你生活在一个整齐划一的环境里，被要求放弃一切个性，你就可能不自觉地承受着抑郁的环境隐患。

有人会说："集体主义不是美德吗？"我觉得关键在于要掌握一个适切的程度。人是千奇百怪的动物，有千奇百怪的想法，整齐划一对集体而言未必是件好事，对个人而言就肯定是件坏事。当压抑超过了一定界限，甚至对集体也会变成坏事。

奇怪，怎么一提到不压抑，我首先就想到了印度。

与东京成田机场鸦雀无声的秩序相比，孟买给人一种锣鼓喧天的感觉。如果有幸到访恒河，你会发现河边洗衣服的、洗澡的、大小便的都有，甚至有时远远的上游还可能漂来一具尸体。有人解释说，是因为印度热：因为热，很多印度人横七竖八地睡在桥洞里；因为热，很多印度人上班穿着拖鞋；因为热，很多印度人衣服穿得松松垮垮；因为热，很多动物都跑到大街小巷上。我觉得有点道理，但也不对，看看新加坡，这里更热，却没这些现象！还有人解释说，是因为印度宗教：因为宗教，印度人相信来世，所以不重视现世的干净整齐；因为宗教，印度人相信不垢不净，垢与净本质上没什么差别。听起来好像更合乎逻辑。

不要以为我在贬低印度,相反,我在赞美它积极的一面。看看我收集的一些媒体信息,据路透社报道:"全球消费信心下降,印度最乐观。"《纽约时报》报道:"印度人是对经济前景最乐观的。"《华尔街日报》调查:"印度人对退休生活最乐观。"

各种证据显示,印度堪称世界上最不抑郁的环境。哪怕一半左右的人口生活在没洁净水、没下水道的条件下,印度人民依然心平气和,认为自己国家最发达!好吧,即便现在比美国还差一点,但不久一定会赶上!

抑郁未发之时

排除了抑郁的生理因素和环境因素，当然还剩下心理因素——挥之不去的抑郁心情。但请注意：心情只是解决生理因素和环境因素之后的一步，如果不先解决生理因素和环境因素，仅仅改善心情将是无力的——这种情况下抑郁自然不散。

有人会说：不对啊，心理治疗有各种疗法，如认知疗法、行为疗法、精神分析疗法、人本主义疗法等。没错，但首先不管哪种心理治疗，都非几句话可以完成，而要按严格的流程进行；其次不管哪种心理治疗，都是暂时的，而非长期的；在环境因素和生理因素的作用下，心理因素将不断反复——这种情况下烦恼自然重来。

更重要的是，不管哪种心理治疗，都属于事后解决，而非事前预防。

最持久的治疗、最根本的预防，在于心理素质的提高。从这个意义上讲，抑郁的话题，不仅印证了励志教育的无效，而且说明了心理素质强大的必要性。

如何借由心理素质的提高走出抑郁呢？本书的方案大致如下：

首先，与念头拉开距离——觉知。既然抑郁的根源在于负面念头，那就要把这个制高点培养起来。其次，纠正认知错误——正见。我们介绍了人生正见的三把钥匙：既然抑郁来自失落感，那就要感恩、讲和；既然抑郁还与对未来的预期有关，那就要活在当下。再次，提升心理素质——"心的锻炼"。既然光靠理念对抑郁作用有限，那就要锻炼出一颗强大的内心。又次，控制负面思维和负面情绪——"观念头""观情绪"。既然抑郁是一种混合体，那就用"观"的方法控制念头和情绪。最后，重新审视人生——"精进"。既然抑郁症的可怕在于失去人生价值，那就要重新审视生活的目标。前面两步已经讲完，后面三步尚未开始。

这里是第一部分的终点。从念头需要觉知，到正见需要体悟，再到烦恼为何不散，又到抑郁为何重来，我们得出结论——励志未必有效，修心没有捷径。

这里也是第二部分的起点。虽然说励志未必有效，但或许，克服潜意识和习惯阻碍有非常规的办法？虽然说修心没有捷径，但或许，自我平静需要更完整的锻炼？

请把下面的部分理解为励志的进阶课程吧。作家卡夫卡说："一本书应如一柄冰斧，劈开心中冰封的海。"我刚指向冰山，还没挥动我的冰斧呢。

第七章

心的锻炼

心的锻炼

理性地分析第一部分留下的问题,可以归结为一点:正见和觉知还不是我们内在能力的一部分。先看看觉知,它不是已在我们内部吗?但它还太弱。再看看正见,它不是我们智慧的基础吗?但它在我们的外部。

因此,解决办法也归结到一点:如何把觉知和正见从我们的内部培养起来,让它们变成我们精神能力的一部分。本书把这个过程称为心的锻炼,即心理素质的提高。

这就容易理解了。因为提起心的锻炼,首先要回答的问题是:"心"也有能力吗?

答案是肯定的。类似身体有身体能力,精神也有精神能力,类似前者可以分解为量化指标,后者可以分解为非量化的指标。我们怎么知道一个人的身体好不好呢?从外部看这个人跑得快不快、气色好不好,生病多还是生病少;从内部看这个人的肌肉能力、心肺能力、新陈代谢能力。类似地,我们怎么知道一个人的精神能力强不强呢?**在外部,看这**

个人是不是容易受环境影响、办事注意力集中不集中、感觉敏锐不敏锐；在内部，看这个人的定力、觉知力、耐力、智慧力、信念力。

这五种心理素质，不仅与生俱来，而且古有记载。古语称它们为"五力"，对应体内的五个部位"五根"（定根、念根、精进根、慧根、信根）。近代医学印证，古人的猜测可能是对的——大脑的运行的确按照模块分工。

让我们再用现代文字解释一下。

所谓定力，就是向内收心、不受外界影响的能力。以前上学的时候，老师在每次开学时都要提醒大家"该收收心了"，就有收摄内心的意思。一个收摄内心的人，自然少受外界影响，也少起烦恼。因此，定力是一种天然的平静力。

所谓觉知力，古时也称"念力"，现在已经成为现代人最不熟悉的能力了。它最重要的作用，是把我们从烦恼的过去、未来，带回到平静的当下。因此，觉知力也是一种天然的平静力。

后面三种都不是天然的平静力。

所谓智慧力，其实不仅仅是智慧，还是智慧的能力，古时候也被称为"慧力"，更常提到的是它所对应的位置"慧根"。如何才能有智慧力呢？首先要有智慧，这就需要正见；其次要保持智慧，这就需要定力；

最后要运用智慧，这就需要觉知力。因此，智慧力是正见、定力、觉知力的结果。

所谓信念力，古时也称"信力"，既是坚持择善固执的能力，也是坚信大山可挪移的能力，更是克服困难所需的不动摇智慧。因此，信念力是定力和智慧力的结果。

所谓耐力，古时也称"精进力"，是精神上的持续力，必然建立在信念的基础上。因此，耐力是信念力的结果。

由于外面流行着太多版本的"精神能力"，本书最好澄清两点：

首先，我们所讲的可不是什么神秘莫测的"心电感应"或"心灵能量"或"气场"。我最反对也最反感这些玄而又玄的说法。与之相反，这里的心理素质无须神秘即能体验，每个正常人生来都具备定力、觉知力、耐力、智慧力、信念力这些心理特质，并且它们在现代心理学中也有所对应。

其次，近来冒出来很多开发大脑潜能的书，大意是说，人类只用了大脑的10%，另外90%还有待开发。其实本书也是帮助开发大脑潜能的，应该被归类为时髦的大脑潜能类。但我们所关心的不是那没开发的90%，而是那开发而没用好的10%——定力、觉知力、耐力、智慧力、信念力中的潜能。

这五种力加起来，就是我们常常听说的强大内心吧。

看来这个流行词并不神秘，不过是各种心理素质的组合。虽然不再神秘，却并非小事，仅凭直觉也可以知道。如果一个人更安定、更觉知、更持续、更智慧、更精进，他或她的生活将会发生很大变化。所以我说，先别管那90%不知何故一直沉默的大脑，更现实的选择，是让五种已有的心理素质强大起来！

甚至我们无须五项全面铺开，只需开发前两项就行。为什么这么说呢？对照一下第四章中提到的智慧线就可以看出：这五种心理能"力"中的四种，实际上是"智慧线"中的转化能力。

第一步：作为整个流程的源头，正见转化为智慧，需要定力；

第二步：从获得智慧到运用智慧，需要智慧力；

第三步：从运用智慧到巩固信念，需要信念力；

第四步：我们走向平静，需要长期的耐力。

那觉知力呢？别忘了，它是整个过程的制高点，审核、控制着上面的所有步骤。

可见，关键在于定力的源头和觉知力的制高点，再加上外来的正见，就会产生智慧力、信念力、持续力。打个比方，在心灵的花园里，我们只需种下定力和觉知力这两棵树就好了，由于已经有了正见的营养，接下来自然而然会结出全部五种果实。

于是方向被聚焦到两点：**一是要培养定力，二是要培养觉知力。**

接下来的问题是：心理素质的培养，非要采取"锻炼"的形式吗？

答案同样是肯定的。与身体素质一样，人的心理素质既有先天因素，也有后天因素。遗憾的是，"炼身体"大家都觉得正常，但"炼心灵"就很少人听说过了，或许因为不知道，或许因为不重视。其实，修炼强大内心的原理与强身健体的原理非常相似，让我们来对照一下。

首先，就像健身的目标是魔鬼身材和长命百岁一样，健"心"也有目标。我们刚刚明确了定力和觉知力两大目标。

其次，就像健身有一定的流程一样，健"心"也有一定的流程。假如各位刚去健身中心，请不要一上来就东抓几下哑铃、西做几下仰卧起坐。更稳妥的办法是先请健身教练制订计划：一是身体部位的锻炼次序，优先肌肉、心肺，还是体重；二是健身器材的使用次序，先用跑步机、哑铃，还是平垫；三是时间的次序，哪几个阶段，哪几个目标。如此才能少走弯路。同样的逻辑也适用于"心"的锻炼。

最后，就像身体锻炼需要时间一样，健"心"也需要时间。想想看，为什么我们把整个过程叫"自我平静的锻炼"，而不叫"心的领悟"或"心的飞跃"呢？因为它并非一蹴而就，好似恍然大悟那般简单。相反，它包括五个步骤，这都需要时间，如此才称得上锻炼。

看看，健"心"和健身很相似吧？

其实这个问题的起因在于，提问的朋友——基本上所有朋友都是如此——把读书当成修心，他们觉得花时间读本书就算善待心灵的了，但那顶多算养心。想想看，鸡汤虽浓、虽香，但靠喝鸡汤能让身体强壮起来吗？恐怕不能。同样不能的，是靠心灵鸡汤让定力和觉知力强大起来。在这点上，汉字给了我们足够的启发——修心！修心！不经过修炼，怎么算修心？

平静，是可以炼成的。平静，不炼是不成的。

两种状态

即使简到极简,我们的方法也包括两种状态和两个练习。

先说明一下来源。

从一定意义上讲,大师们都是走极端的天才。

你看,科学大师爱因斯坦做的是极快的实验。他发现当速度快到和光速一样的时候,可以看到世界的真相。什么真相呢?他的相对论宣称:时间和空间随着速度可以扭曲。

再看,佛学大师悉达多正好相反,他做的是极慢的实验。他发现当速度慢到一切归零时,可以看到人类的真相。什么真相呢?他的佛学宣称:"觉性"随着"入定"可以显现。

悉达多的实验,就是我们方法的依据。

佛陀的方法,原本像清水那般质朴无华,遗憾的是,在两千多年的传播过程中,变得庞杂而模糊。更遗憾的是,它变得不必要地神秘。直到今天,情况才再次转变。这多亏了考古学的进展,人们恢复了佛陀本意的原貌；多亏了新时代的理性，人们分清了宗教、哲学、心理学；最后多亏了心理学原理，人们发现心的锻炼并没那么神秘！

如何让佛陀的方法返璞归真呢？我想还是要简化、通俗化、现代化，尤其是简化。如同在第一部分，我们忽略了99%的佛学理论，仅保留了最重要的觉知和正见；类似地，在第二部分，我们也将忽略99%的佛学实践，仅保留最"真实有益"的正定和正念。[1]

在所有佛学概念中，正定和正念是最难理解的两个，也是最重要的两个。难理解在于，它们来自古老的方法；而重要性在于，**方法比理论难得**。想想看：谁不知道定力好呢？困难在于如何提升定力。谁又不知道觉知力好呢？困难在于如何提升觉知力。假如没有方法实现，那理论无异于空谈，而我最不喜欢空谈。

何为正定？

我们已经讲过"定"——将向外的注意力拉回身体内部，达到一种清醒而专注的状态。这次我们在"定"的前面增加了一个"正"字，即正见的意思。别小看这一字之差，因为"正"，"定"才变得与智慧有关。**两个字加起来，正定是一种"带着正见入定"的状态。**这就是最早印度的禅。

---

[1] 佛学"八正道"：正见、正思维、正语、正业、正命、正精进、正念、正定。

何为正念？

如果问朋友这个问题，常见的回答是"正确的念头"，那么请告诉这位朋友："恭喜中奖了，因为两个字全猜错了。"

这里的"正"不代表正确，而代表专注，它取自"正"字中正面面对的意思，类似正面冲突的正面。这里的"念"不代表念头，而代表觉知。**两个字加起来，正念是一种"专注的觉知"的状态。**这就是最后日本的禅。

你可能好奇：难道觉知还有不专注的状态吗？是的。既有注意力集中的觉知叫作正念，也有注意力不集中的觉知叫作全然觉知。不过在多数情况下，我们的觉知都带有一定的方向性，因而属于前者。

既然正定是印度的禅，正念是日本的禅，那么你可能会好奇：什么是中间的？咱们中国的禅呢？说实话，"禅"字本身含义太过复杂，而禅在中国的演变就更复杂，咱们最好另找时间讲。在本书中，我们能先讲清楚什么是"禅修"就不错了。所谓禅修，就是进入正定和正念的状态，而要进入这两种状态，我们需要借助两个练习。

两个练习

幸运的是,古人留给我们很多种实修练习——有来自中国的,有来自印度的,还有经过改良的。困难不在于找不到实修练习,而在于找到了太多实修练习——你说都有用吧,多数没用;你说都没用吧,又好像部分有用。让我们大致筛选一下。

什么练习可以启动正定状态?只有一种选择——静坐。静坐有很多名字,也有很多种类,某些大师会争辩说自己的静坐"极为殊胜"——自己的"静"是不同的静,自己的"坐"也是不同的坐。其实我以为,初学者对细微差别大可不必区分,只要符合静心的原则,所有静坐练习一律殊胜。(这难免招来抗议:殊胜不能一律,只能一个,就是我!)

如此建议的理由在于,各种静坐虽练习侧重不同,但要素相同。哪些要素呢?一静、二坐、三专注。

首先,"静"是前提条件——正定只能在静止状态下实现。

其次,"坐"是最可行的姿势——常见的姿势不外乎坐着、站着、躺着、趴着，其中躺着、趴着容易睡着，站着容易疲劳，都难以深度入定。

最后也是最重要的，是"专注"。光环境"静"不够，光身体"坐"也不够，甚至连静与坐都不够，必须加入至关重要的精神元素"专注"才够。

由此我们才得出"静坐"练习的全部含义——安静地坐在那里，集中精神。这是第一个，即进入正定状态所需的练习。

接下来，什么练习可以启动正念状态呢？

理论上有很多种，甚至无数种，原因在于正念的两个要素——专注和觉知，都不存在身体限制，既可动态，亦可静态——佛陀要求我们在行、住、坐、卧中进行，但具体到实践，无论是哪种姿势，都可以统称为"自我感觉"的练习。这是进入正念状态所需的第二个练习。

对古老的方法，我们最好做些现代意义的澄清。

首先，它们毫无神秘可言。正是由于过去被宗教人士赋予了太多神秘色彩，其理性价值才被掩盖。本书仅仅把正定和正念当作心理状态，也仅仅把静坐和自我感觉当作心理练习。

其次，它们未必符合古代定义。我们所讲的修心方法，已经做了不少改良，如果在前面加上"现代"的用语会更合适些。

好，借由这两个练习，进入两种状态，看来心的锻炼并不神秘。

定与觉

真的吗？有人会追问，什么原理呢？

理性的朋友会想：心是有能力的，能力是可以锻炼的，锻炼是有方法的，这些都好理解。但锻炼的方法——正定、正念、静坐、自我感觉，与锻炼的目标——定力和觉知力之间，有怎样的机制呢？换句话说，为什么这两个练习能实现自我平静呢？

如果不讲清楚其中的原理，恐怕我们说不神秘也神秘。如果各位去请教高僧大德，就会发现这个问题本身就神秘，神秘到他们往往避而不谈的地步。事实上，你也猜不出他们是不愿回答，还是不能回答，因为大师们总让你"自己悟"！虽然这招百用百灵，但学生实在"悟"不出来怎么办呢？

更何况，对上知天文、下通地理的现代人来讲，盲从的概率越来越小。每位初学者心中都暗藏着一个大大的问号：真的有用吗？

因此我以为，要让佛陀留下的方法焕发新生，为现代人接受、让现代人受益，最好的办法是揭示其与现代科学不矛盾的机制，而非像电影《卧虎藏龙》里的绝世武功，秘而不传。这样做的好处是：对于让自己受益的事，现代人劝都不用别人劝，自己就会跃跃欲试吧。

比如我猜测，能拿起这本书、读到这里的各位，是不是就很想知道正定和正念的奥秘？

先用传统语言描述下这种机制，答案在于：

通过静坐练习进入正定的状态，可以培养我们的定力；通过自我感觉的练习进入正念的状态，可以培养我们的觉知力；随着定力和觉知力的提升，我们的另外三种心理素质——智慧力、信念力、耐力——也将得到提升。也就是说，借由两个练习、两种状态，我们的目标——五种精神能力——都将提升！

让我们把两个练习、两种状态、两个目标对应起来。

定的方法：静坐练习——正定状态——提升定力。

觉的方法：自我感觉练习——正念状态——提升觉知力。

各位会想：这么巧？刚刚才找到心理素质的两大目标，居然这么快就找到了方法？就像在拥挤的停车场中，别人绕圈找车位，而我们一进场就空位当前。又像我第一次找工作，投递二百九十九次简历无人问津，居然在第三百次时遇到某公司面试官问我:"现在唯一的问题是,你愿不愿意来这里工作?"我立即要求"请重复问题两遍"!上述机遇都好到令人难以置信。

不过这次可以置信!理由是:先有存在,后有认识,再有实践。在我们的主题中,先有心理素质,后有心理素质的状态,再有提升心理素质的练习。就像先有大山这个实体,才创造了"大山"一词,然后找到了通往大山的路。同样,定力和觉知力是人类的根本素质——好比大山;正定和正念是对应的心理状态——好比认识大山;静坐练习和自我感觉是对应的心理训练——好比通往大山的路。

所以说,不是巧,而是幸运!我们很幸运地找到了"修炼强大内心"的机制。

好心的读者不免为我担心:我们在第二部分一开始,已经把方法讲完了,下面还讲什么呢?别担心,还有锻炼的细节、生活的应用、心理学的解释——这些都是第二部分后面的内容。

对本书而言,尤其心理学的解释是必要的。

想想看,为何古老的智慧总让人觉得神秘?主要是因为机制不明。可如果追问:为何机制不明?除了老师不愿意讲或不能讲的人为原因外,还有一个现实原因：讲不清。

德国哲学家维特根斯坦有句名言："关于无法谈论的事物，只能保持沉默。"这是因为人类创造的语言、逻辑有其自身的限制——顶多接近真相，无法达到真相。举个例子吧，不知道各位吃没吃过一种叫"新奥尔良烤翅"的食品。由于一位朋友百吃不厌，我也陪着品尝了几次，边吃边想：怎么向没品尝过的人形容这种"新奥尔良烤翅"的滋味呢？还真很难：它有点甜，但又不全是甜；有点咸，但也不全是咸；里面有点腻，又有一点鲜，难怪用"新奥尔良"的用语来代表了。本书要描述的正定和正念也类似：如此感性的概念，如何用理性去讲！把它们描绘得神乎其神、玄而又玄并不难，难的是如何描绘得真实，还让现代人理解，两项加起来就不容易了。有静坐经验的读者还好办，因为自己就有体会。否则就只能用"新奥尔良"般的文字描述给没去过肯德基的人听了。

虽说讲清楚有难度，但这不应该成为拒绝语言、否认逻辑的理由，原因很简单：接近真理总比坐在那里不动要好！佛陀早已做出表率，在原始佛教基本经典《阿含经》中，详细记载着他对"定"与"觉"不厌其烦的描述。但很遗憾，随着后期佛教的神秘化，"讲"居然变成了一件讳莫如深的事——从讲不清变成禁止讲了。

因此现状是：一方面，如果不愿讲、不能讲、讲不清，那自然没有答案；可另一方面，佛陀又确实提供过答案，现代人也确实需要答案。

因此，本书希望略尽的微薄之力是，为各位讲清楚其中的答案，与心理学不矛盾的答案。

目标、状态、练习，我们为"心的锻炼"规划了方向。重要的是，方向指往一条理性的修心之路。你看，相对于模糊不清的古老经文，正定和正念是可以解释的；相对于我们的烦恼，静坐和自我感觉的练习是可以操作的。结果证明其有效：每位习惯上述方法的人都有着共同的反馈——受益良多。

这就引出了一个问题：按说已经流传了上千年之久的方法，实在不应该称为流行，可正定、正念、静坐、自我感觉等方法，确实是直到近来才在欧美国家"流行"起来的，真可谓是世界上最慢的慢热。什么原因呢？

这就牵涉到古为今用的大课题了。

古为今用

对于来自古老东方的传统文化,人们一直心存很多不解。总结起来有几点不利因素——文字的不同、历史的差异、理念的冲突——都凸显出古为今用的难度。

这里的"古"指的是东方传统文化,主要包括以孔孟为代表的儒家思想、以佛陀为代表的佛学思想、以老庄为代表的道家思想。

但在请这些传统文化重出江湖之前,我们先得回答一个问题:需要费这番古为今用的周折吗?有些年轻人问得更直接:"iPhone一代还需要去翻那些老古董吗?"

我想答案是肯定的。前面介绍的感恩、讲和、当下,深具中华思想的特征,而本章介绍的两种状态、两个练习,则传承了印度佛教的方法。既然答案比问题重要,那么可以说,本书的源头在古老的东方。

西方科学比较强调局部,东方传统文化比较强调整体。心理学家荣格似乎同意这点,他说:"东方人的心灵在注视一种事实的总体时,原样接受；而西方人的心灵却要把它分为实体，分成小质点。"

西方偏向理性，东方偏向感性。如果说本书的第一部分侧重现代科学，用词比较理性，那么第二部分引入东方传统，用词会比较感性。好在，我最反对一切玄而又玄的东西，因此对凡能诉诸文字的感觉，都费了不少笔墨说明，哪怕像神秘的"定"与"觉"，我们不也试图让它们从天上降到人间吗？

尤其在人的心理这么微妙的课题上，西方文明更需要来自东方的补充。应该说，"互补"还是个过于客气的词，从两千多年前的春秋战国时期开始，诸子百家就透过内心自省，在天下大乱中安顿身心。记得余秋雨先生说过（大意是），因为我们的历史有血腥、有暴力，所以我们的祖先要生存下来，他们的内心也必须是最强大、最坚韧的。

平静心应该从古老东方的智慧中寻求方法。

让我们分析一下西方世界正在流行的几种事物——减压静坐、心理医生、抗抑郁症药物。说来奇怪，减压静坐在东方已经有了上千年的历史，而心理医生从一百多年前的弗洛伊德就开始采用了，为什么近年来突然成为一种潮流呢？因为它们都与现代人面临的精神压力有关。再深究下去，现代人的精神压力一直存在，为什么会在这几十年急速加剧呢？答案与世界上正在发生的两件大事有关。

一是信息化。信息时代带给我们的是一种持续而紧张的压力，持续到 24 小时不断的地步，紧张到无法放手、"爱不释手"的程度。按说信息时代带给我们的好处是信息，但其中绝大部分是海量的、与我们无关的信息，这些垃圾信息每时每刻都在培养着胡思乱想的能力，可谓是念头最爱吃的菜。回想二十年前，别人要骚扰到我们多不容易！到了互联网时代，起码我们还可以决定需要哪些信息、不需要哪些信息。再到手机和短信，大家就 24 小时暴露在信息的追踪之中了，难怪会产生一种轻度的紧张感。发展到社交网络，我们每次收到微信、看到脸书，都承受着无形的压力。更可恨的是，现在已经是手机网络一体化，真是仅凭一个手指，就可以令人、令己妄念纷飞。

二是全球化。怎么"世界是平的"也成了压力问题呢？因为要把这个本来高低起伏的世界变平，从低变平还容易些，从高变平就很痛苦。在全球化的过程中，以前富裕的国家相对地变穷了，以前穷的国家相对地富裕了，可谓是一次空前的财富重新分配！过去这种世界规模的洗牌，只能经由世界大战来实现，没想到被今天全球化的魔方悄悄消化了。代价是"从高变平"的国家承受着巨大的失业压力，欧美过去二十年的变迁就是公司变富、百姓变穷的过程——公司可以把业务外包到海外，当地的老百姓却搬不走，人多工作少，这给社会上每个人带来多大的心理负担！

就在这个时候，静坐练习的方法被重新发现了。奇怪吗？不，一点也不奇怪！合适的事情就会发生在合适的时间、合适的地点。如果分析减压静坐、心理医生、抗抑郁症药物三种方法就会发现，它们代表着解决心理问题的三种思路——抗抑郁症药物是医学的思路，心理医生是西方心理学的思路，减压静坐是古老东方智慧的思路。如果抑郁症药物和心理医生能解决烦恼和压力问题，还需要出版上百万本心灵鸡汤来安慰现代人的焦虑吗？显然东方智慧是最好的补充，可谓是雪中送炭！

因此，各位如果像我一样崇尚理性，我的建议是——请带着批判的态度重新了解后，再下结论吧。

要从浩瀚的古代文化中分辨哪些过时了、哪些没过时，哪些是瑰宝、哪些是垃圾，还真要费时、费心、费力。毕竟，该扔掉的可能多于该保留的，但总比一股脑地把传统文化扔掉要好吧。有句话说得好，"不要泼水扔了孩子"，所以我们要从祖先留下的东西中，把宝物挑出来，用水洗净、用布擦干，然后放在最显眼的地方。当外国人很羡慕地问："哇，哪里来的这么特别的东西？"我们可以很自豪地回答说，都是从古老东方的宝藏中拣来的。

不仅古为今用，最好还能中西合用。多亏了西方人的烦恼，静坐练习才被迫切需求；多亏了西方人的直性子，正定和正念的方法才被简化。

古为今用，中西合用。加起来，就是"金版"平静心锻炼的要旨。

总结实践阶段的第一章：我们为"心的锻炼"列出了一个大纲。

万事开头难，幸运的是，我们已经明确了两大目标：提升定力、提升觉知力。至于如何实现，下面两章将介绍"自我平静锻炼"的第三步和第四步，并提供与现代心理学不矛盾的解释。

考虑到我们马上要去体会神奇的感觉，那最好兴奋一点，流行语就是"high起来"。奇特的是，这次我们high起来之后，将会体会到"high力"的反面——定力。

第八章

定力

不安的大脑

真正不习惯的不是你,而是你的大脑。

这不难预期。之前已经介绍过,人类在生理上就喜欢习惯模式,因为这是最省力的模式。相反,任何新生事物都会要求身体重新适应,也要求大脑重新适应——这些都耗费比习惯模式更大的能量。

举例来说,有一天你下定决心去学瑜伽,这是件好事,又是件要适应的事。你要找到新的地点、新的时间表,真到上课时间了,还要做很多新的动作。尤其那种把两腿从背后蜷到头顶的姿势,能容易适应吗?

话说回来,静坐中的不习惯,又远远超出预期,只会比瑜伽课的例子更糟。此话怎讲?瑜伽仅仅造成四肢的不适应,而静坐则造成大脑的不适应——前者倒在其次,后者可是意识的中心!

马上我们会发现,后果很严重。当静坐开始时,身体看似安静,头脑里却妄念纷飞。那时,请不要以为"我觉得时间到了",是念头在提醒你时间;也不要以为"我觉得有些无聊",是念头觉得很无聊;更不要以为"我想起身",是念头想起身。可谓一计不成又生一计。大脑像手机来电般冒出的念头,都指往同一个方向:"请立即放弃。"

有人怀疑,是不是静坐造成了这么多念头?其实不然,我们平时的念头更多,多到无法分辨、多到意识不到、多到大脑一直被淹没在念头的海洋之中。只不过,当我们在静坐中,静到非常之静的时候,我们才开始觉察到念头的嗡嗡声。即使这时的念头已经比平时少了很多,大脑仍然感到不安。那时各位才真正意识到"念头不是你"——它们无人控制,也无法控制。

要问大脑为何如此不安,一个原因是,静坐不是练别的,而是练"专注",被限制了自由,大脑能高兴吗?

大脑不怕乱想之苦,就怕专注之苦;不怕动之苦,就怕静之苦。比如,当我在家中写这本书很累的时候,会抽出半个小时去静坐。写作和"坐"哪个更累呢?按说写作是件头疼的事情,世界上所有其他大脑都会同意,唯有我的大脑不这么认为!何以见得?当我"坐"的时候,不知道有多少次,大脑中的念头会提醒我回到计算机前,但很少出现我在计算机前的时候,有念头会提醒我回去"坐"的情况。别忘了,这可是本书作者的大脑,它明知作者在推广什么,却完全拒绝配合。当大脑提醒我回到计算机前的时候,并不是因为它热爱写作,而只是在说:"请恢复自由思考！"哪怕只是一小会儿专注，也难以实现。

大脑不安的另一个原因是，静坐要启动的状态——正定，要求"向内看"，这意味着大脑的观察方向要发生一百八十度的转向。

回忆一下我们这辈子所关注的事情，是否毫无例外地都朝向外部世界？如家人、朋友、上级、老师、同事、城市、风景，就是忘了还有一个内部世界。除非出现了疼痛，我们很少去体会"身体现在怎样""感受现在怎样"，更没有时间去审核"念头现在怎样"。

有些朋友不同意这种说法，他（她）们说："我经常反省自己、反思人生啊。"但遗憾的是，那根本是两回事，因为检讨自己在外面干了什么坏事还是向外思考，而非向内体验！

这当然也与性格有关，对本来好静的人来讲，还容易适应一些，但对性格外向的人来讲，就体验到煎熬般的局促。因为这些朋友太爱热闹了，太习惯怎么与别人约会，反而忘了怎么与自己约会。

现在恐怕人生第一次，我们不仅要求大脑不动，还要求它掉转方向。这两件事加起来，让静坐中的大脑很不习惯！

可以想象，刚进入静坐练习的人最容易放弃，甚至第一次就会放弃。虽然理由很多，但归根结底源于错误预期。因此最好澄清几个常见问题。

首先，静坐会带给我们快乐吗？

这还用问，当然不会！大脑不习惯，念头不满意，它们怎么会让你觉得快乐呢？起码刚开始的时候，感觉完全与快乐相反，因为念头还太强、定力还太弱。念头明明知道你坐到腿疼得受不了，却故意提问："你快乐吗？"居心何在？它希望一下就击中要害啊！如果各位失望了、放弃了，念头就得逞了。

"那你是说，最后我就快乐了吗？"答案还是"不会"。当我们的定力增强、念头减弱的时候，我们会体验到另一种感觉，但那种感觉仍然不是快乐。虽说听起来有点让人失去目标，可我要反问：什么是静坐的目标呢？

纠结这个问题的，十有八九是目标性很强的朋友，只不过这次他（她）们把目标瞄向了快乐，希望透过静坐练习立即实现。可以想象，这些朋友一生中的大部分时光都被明确任务驱动，很难忍受一件看似毫无目的的任务，而我们进行的静坐练习，恰恰是一件短期没目标、长期有效果的事情。从这个意义上来讲，精英人士比普通人更难开始、男性比女性更难开始、想得多的人比想得少的人更难开始。即便开始，这一人群也最容易找借口放弃。

这不是歧视谁，而是思维能力惹的祸："坐着少想"最难被思维狂接受，但也最适合思维狂，因为思维狂往往是心里最不静的人。试想，每天思绪澎湃地和人周旋，心里能平静吗？这些朋友如果坚持静坐练习就会发现，真没有任何其他方法能让大脑暂停，除了静坐，只有静坐。

既然提到思维狂,就看看苹果公司的贾伯斯的体会吧:"如果你仅仅坐在那里观察,你会看到你的心是多么不安,如果你试图去平复它,只会使事情变得更糟,但随着时间流逝,它会平复的。当你的心安静下来的时候,你会感到更大的空间,听到更细微的声音,你的直觉会开花,你更会与当下同在。你会看到当下在眼前延伸,你会看到比以前更多的东西。"

因此,对有些朋友把放弃的原因归咎于"没有觉得快乐",我的回答是"没错",首先,需要吃一点苦才会有效果;其次,这本来就不是我们追求的目标。静坐带来的并不是快乐,而是一种深深的静、淡淡的喜。事实上,整个"心的锻炼"都是在苦中寻乐。

太难还是太容易

接下来要澄清：静坐是难还是易？

"太容易！"这是一个极端。

这么想的原因在于，很多人把静坐练习当成普通的"坐"。因此他们会感到奇怪，自己开会不是坐过一个小时吗？看电影不是坐过两个小时吗？打计算机不是坐过一天吗？打麻将不是坐过几天几夜吗？其实，重点不在于"坐"，而在于"少想"，这其中差别就很大了！这就很不容易了。

小看静坐练习的朋友一试就会发现，自己根本坐不住！十分钟起身很正常，二十分钟起身也很正常。有个朋友据说静坐经验好几年，但没有突破过三十分钟。每次遇到这种"坐"进行不下去的情况，我都问这位朋友："为什么起身了呢？"

回答是"我腿疼"；

或"我姿势不对"；

或"我忘记了一件事情";

或"我觉得没有感觉";

或"我觉得是在浪费时间";

或"我没有体验到快乐";

或"我觉得要一步一步来";

或"我觉得今天已经达到目标了"。

我要说:"朋友,最终的结果是你起身了。"其实,所有上述借口可以用一个问题挡回:是谁让你这么想的呢?估计对方一愣,然后沉默。没错,是念头让静坐者这么想的。

"太难!"这又走入了另一个极端。

相比前一种预期的很快见效,后一种预期则遥遥无期。顺着这个疑问,念头会继续让人动摇——

"是不是这种方法不适合我啊?"

"是不是我的姿势不正确啊?"

"是不是要问下老师再继续啊?"

"是不是别人都没这种情况啊?"

"是不是我的腿会断掉啊?"

"糟糕,我的腿一定已经断了!"(静坐史上的首例)

不管是哪个极端，都会让各位的定力之旅提前结束，这就是为什么开始前要做好心理准备。

现实的预期是，"安静地坐在那里，专心地想"，既没有那么容易，也没有那么困难。

想象放在桌上的一杯浑水吧，怎么能让它变清呢？答案是我们无法"让"它变清，任何行动都只会让这杯水变得更浑浊；只能"等"它变清，最好的行动就是没有行动，时间长了，泥沙自然会沉到杯底，水自然会越来越清澈，这就是"无为而静"的道理。

因此，把静坐中的自己想象成这杯水吧，让大脑随着时间安静下来，让念头随着时间沉淀下来，让心随着时间清澈起来。时间，看着时间静静地流过，才能达到这个效果。

最后一种要澄清的是："这项运动看着有点怪"。

如果是你自己觉得怪还好办，这本书就是在帮你做准备啊。尽管读到最后你会有更多问题，但应该觉得静坐练习一点也不怪才对。

可如果你的家人觉得静坐练习很怪，你就要给他们稍做说明了。这样才能确保没人会贸然冲进房间并发出可恶的笑声。放心，当周围人看到静坐练习对你的身心产生的效果后，他们会很羡慕你的，至少会羡慕你常常像睡觉!

各位难免好奇,需要多长时间才能看到"身心的效果"呢?这个行业的标准答案是——因人而异。比如,如果我们去问某大师,十之八九问不出什么结果,答案可能是一天,也可能永远没有"机缘"。但这种没有回答的回答,会让某些必须搞懂才开始的学员发疯的。既然本书的目的在于真实有用,不妨给出一个参考吧。

按照正确的方法去练习,初学者需要三个月左右的适应期,然后经过三年让身心发生较大的变化。不是三天,也不是三十年,更不是遥遥无期,其实三到七年不算长,想想自己已经在念头的控制下生活了几十年,这段自我平静的旅程算不了什么。

我可以用自身的体会为此见证。静坐练习虽然只是我静心方法的一种,却是其他方法难以替代的一种。原因很简单:对我这种接触商业利益、面对竞争压力的人,入睡并不是件自然而然的事情。

确实,大家都讲自我平静,但是否真能平静,看看睡眠质量就知道。除了商业以外,其他用脑过度的职业无一不让人烦恼。比如我写这本书吧,按说应该是种享受,起码最初是这种感觉,但当完稿的时间接近时,写作逐步变成一种折磨。为什么呢?写作也让人妄念纷飞,写到兴奋之时,难以入眠;写不下去之时,同样难以入眠。

因此，静坐对我最直观的好处，就是让我每天晚上安静睡觉。确切地讲，是安静入睡：在睡觉前三十分钟"坐着冥想"，先让妄念逐渐平息，有时候不到三十分钟就昏沉，那最好，就此上床；也有时三十分钟后仍兴奋，那糟糕，换种姿势——躺着冥想！

读到这里，各位心里可能在想："我还不清楚这家伙在讲什么，但愿确实对我有用。"带上这种好奇心，就可以开始实修了。

从静入定

先理顺本章中的几个概念：静坐是练习方法，定与正定是中间阶段，定力是最终结果。如下图所示：

静坐（练习） → 定、正定（过程） → 智慧、定力（结果）

接下来，我们将分别介绍"定"与"正定"两个阶段。

如何入定？

尽管我们不准备介绍太复杂的细节，但我担心如果连一次都不"坐"，各位真无法体会本书在讲什么。对于已有经验的朋友，这一节既可以作为复习，也可以跳过。对初次接触的朋友，请为自己留出三十分钟的时间，进行一次最简单的静坐练习。

准备阶段——

1. 找个封闭而安静的屋子，最好不要在室外。事先喝水、上洗手间、穿好保暖的衣服。

2. 舒适地坐下来。建议正襟危坐在凳子上，两腿自然下垂，当然也可以平坐在垫子上，但切忌勉强，不要让自己从一开始就忍着疼痛。不管哪种坐姿，都请把从腰到脖子到头挺直，想象自己的头被上面的一根绳子拉着一般。

3. 设置一个小闹钟，最好能一次到三十分钟，如果无法坚持下来就先设置十分钟，以后再延长到二十分钟、三十分钟。

开始阶段——

1. 闭上眼睛，安静地坐着。

2. 专注在自己的呼吸上，自然地吸气、吐气，数到一百，到一百后再重复。如果发现自己走神，就将注意力拉回到呼吸上来。如果再走神，就再拉回到呼吸上。

3. 不听到闹钟响，就不要起身！

体验阶段——

1. 当注意力能够逐渐稳定在呼吸上以后，我们就进入"定"的阶段。

2.一边专注呼吸的同时，一边留意身体的感觉。随着时间加长，我们会感觉呼吸越来越慢、越来越细。身体的感觉会越来越淡、越来越模糊。不知道从什么时候，当来自手脚和身体的感觉消失了，就算入定了。

3.如果时间再延长，连呼吸都感觉不到了，好像忘记了自己，好像忘记了世界，庄子称之为"坐忘"。

感觉如何？

我们可以忘记世界，但别忘记初衷——静坐练习的目的，不在健身，不在放松，而在体悟"心"的感觉。那么"定"究竟是怎样的感觉呢？

如同它的古代名称"止"所暗示的那样，这既是一切停止的状态，也是一切归零的状态。

一切停止指的是各个部分停止。回忆下整个过程：

首先，身体被停止了。把自己的身体按从外向里的顺序，或从上到下的顺序，检查一遍：哪个部位仍在运动吗？手、脚应该不动了；头、脖子、脊椎应该都不动了；胸中的气血也应该不动了。除了呼吸外，结果应该是一动也不动了。

其次，感觉被停止了。检查一遍：视觉和味觉应该被关闭了；虽然自己没有主动关闭听觉和嗅觉，但如果在一个安静清洁的屋子里，实际上并无听觉和嗅觉反应；身体的触觉在逐渐消失。唯一能感觉到的是呼吸，但呼吸会越来越长、越来越弱，快接近"坐忘"的意境了。

最后，思考被停止了。检查一遍是否还有念头？每次发觉念头后，我们都会把注意力拉到呼吸上来。随着时间拉长，念头越来越少，三十分钟后念头几乎没有了，但自己仍然非常清醒！

一切具象的事物都停止了。

而一切归零指的是各种性质的归零，回忆一下整个过程：

速度被归零了。说来像是悖论，入定就是这样一种"不动的运动"，从来没有哪种运动像它那样——追求速度归零。

环境被归零了。在入定中，我们很容易理解什么叫"出离心"，既与环境暂时脱离，又与环境融为一体——整个世界都被收摄于内。

时间被归零了。在入定中，我们减去了过去，减去了未来——只剩下此时此刻。

一切抽象都归零了。

可以想象，正是在这种彻底停止、彻底归零的情况下，坐了七天七夜以后的悉达多发现了人类的内在本质——"觉"。如同西方哲学的现象学中讲"还原"，当我们抽离具象、抽离抽象后，还剩下什么呢？那个觉知，那种觉性，那个精神上的我。**所以说，身体、感觉、思维、情绪都不是我，我"觉"故我在。**

即使不带有任何哲学感悟或宗教情怀，仅从修身养性的角度来说，入定也是有意义的。别的不说，对于多思多虑的现代人来讲，光是让大脑像桌上的那杯水一样变得清澈，已算奇功一件了。除了静坐，还真没听说其他方法能有类似的功效。

但这还不是静坐的全部意义。如果我们停留在"定"的阶段，固然可以放松、平静，从而实现第一个目标——提升定力，却无法实现第二个目标——转化智慧。因此，我们要再向前一步，进入正定的状态。

定到正定

如果把静坐练习的第一个阶段"定"形容为清空大脑的过程,那么静坐的第二阶段正定,就是在已经清空的大脑中加入正见的过程。

还记得那个要把油加入海绵球的例子吧,当杯子里还有水的时候,油是加不进去的。怎么办呢?只有先把水清空,然后油才能加入。因此,第一阶段是清空,第二阶段是加入。

另一个类比是,如果要把杯子里的咖啡换成牛奶,我们不能直接往咖啡里加牛奶,那样只会变成一杯拿铁咖啡。正确的次序是倒掉咖啡→清空杯子→加入牛奶。同样,第一阶段是清空,第二阶段是加入。

这都说明了静坐练习中两个阶段的分工。显然第二阶段的关键在于加入正见,古人称为"观正见"。

如何"观正见"?换句话说,如何启动正定的状态?

前面已经讲过,"观"不是用眼睛去看,而是用精神去"看"。请注意,本书中其他地方提到的"观"都是观照的意思,即觉知,唯有本章中提到的"观"是观想的意思，即想象。我理解这有些混淆。至于为什么一个"观"字要有两种用法，只能说我们中国的文字原本如此。假设换成英文，一个叫 feeling，另一个叫 imagining，字多了却也清楚了。

想象的方法很简单：确定一个自己觉得有正面意义的主题作为想象的物件。当"从静坐入定"以后，小心翼翼地把注意力从呼吸上转移到这个主题上来，边呼吸，边想象。

想象的主题倒有多种选择，可以是一个问题、一种情感、一个东西、一个咒语、自己，也可以是整个宇宙。

首先，问题可以作为主题。在古时候也叫作"参话头"，"话头"包括启发正见作用的一些问题，比如入定中问自己："我是谁？""我在哪里？""谁在那里？"每次只问自己一个问题，然后结合身体感觉去体会含义。不是出于好奇，而是要突破思维的限制——自己的界限在哪里？环境的界限在哪里？尤其是头脑中那个根深蒂固的"我"在哪里？

其次，情感可以作为主题。比如在静坐中，我们"观慈悲"，那就在每次呼气的时候，想象着把慈悲吐出，撒向周围的人，撒向世界的人，撒向万物，撒向众生。再如以爱为主题，那就想象着每次呼气的时候将爱传播出去，传播向自己，传播向父母，传播给朋友，传播给一切我们爱的人和一切爱我们的人。想象着自己的情感随着呼吸，一次比一次传播得更远。

我们可以想象物体，比如蜡烛、瀑布、星空、日、月，及其隐喻。如果把星空当作主题，可以想象自己在星空之下，每次吸气的时候，想象着把星空的内涵吸入，一次比一次更深；每次吐气的时候，想象着把自己带向大气层、带向太阳系、带向银河系、带向无边的宇宙，一次比一次更远，直到自己与星空融为一体。

我们可以想象能量。想象着它在身体里流动，而自己的注意力跟随着它进出。假设以自然能量为主题，让我们随便设想三种能量流动的路径。第一种路径是跟随呼吸，想象每次吸气的时候，让大自然的能量随着空气被吸入身体，又随着吐气将身体中的沉积排出，不断重复。也可以换第二种路径，那就是每次吸气的时候，想象着大自然的能量沿着自己的脚底进入身体，吐气的时候能量又从头顶排出，不断重复。我们还可以选择第三种路径，每次吸气的时候，想象着大自然的能量从全身的皮肤进入身体，吐气的时候又想象着这些能量从全身皮肤中排出，不断重复。显然，路径有无数的组合，请选择最适合自己的那种，固定下来。

光也可以作为想象的物件。有人喜欢白光，有人喜欢蓝光，有人喜欢烛光，有人喜欢阳光，还有人喜欢看不见的光。（谁让这都是想象呢？）假如是白光，我们就在每次吸气的时候想象着白光沿着不同路径进入身体，而在吐气的时候想象着被光线沿着不同的路径穿过自己。以此类推。

自己也可以作为想象的物件。想象我们是自然的一部分，或宇宙的一部分，比如想象自己为金、木、水、火、土五行中的一种，或想象自己为地、水、火、风中的一种，地代表坚，水代表湿，火代表暖，风代表轻，感觉自己随着呼吸在宇宙中的循环。甚至想象自己的身体为宇宙本身，想象着每次吸气和吐气从身体中穿过，一次比一次吸入得更深入，一次比一次吐出得更远，直到自己与环境融为一体。

读者可能在想："想象这些有意义吗？"答案是肯定的，上述看似没有关联的主题，其实有明显的共同之处。

首先，它们都代表着正面的含意，不管是爱、慈悲、能量、自然，还是宇宙，都把意识朝着积极的方向引导，这就是正定中"正"的意义。

其次，它们都在帮助稳定我们的专注力，让我们长时间保持彻底平静的状态，这就是正定中"定"的意义。

最后，这些想的主题都比较宏大，让有限的"小我"融入无限的"大我"，从世俗中脱离出来。

看似幼稚的想象，其实堪称"正定"。

读者可能会好奇："你自己用哪种呢？"说实话，我偏好更实用的主题——正见本身。还记得我们在第四章中提到的三把人生钥匙吧？感恩、讲和、当下，我们可以在静坐时把它们当咒语在心中默念。

首先，以"感恩"为口令，让我们祝愿一切美好更好——古称"慈心"。选择一个物件，在心中默念"感恩"或"感谢"。当观想身体的时候，我们感谢它默默地做着工作；当观想周围的人的时候，我们感谢爱人、亲人、友人、同事、老师、朋友；当观想神圣的时候，我们感恩这个世界的创造者。请不要把上述默念当作程序，相反，每次说声"感恩"都应该发自内心。你会发现，不需要多久，"感恩"一词就会在心中扎根，"感谢"一词就会变成新的口头禅，直到某天，你发现在生活中能脱口而出"感谢""感恩"。

其次，同样的方法，我们可以在入定后默念"讲和"，让我们祝愿痛苦止息——古称"悲心"。当"观"身体的时候，请与身体的疼痛讲和；当"观"他人的时候，请与人际矛盾讲和；当"观"环境的时候，请与不适应讲和。在想象中，让"讲和"一词在自己心中扎根，让它变成自己新的口头禅，直到某天，当我们准备指责、嫉妒、自责的时候，能想到提醒自己"讲和"。

最后，我们可以在入定后默念"当下"。我们只需要感觉自己的身体，在感觉中，让"当下"在心中扎根，把它变成自己的口头禅。直到某天，当自己后悔、忧虑的时候，能在头脑中闪过"活在当下"。

我们说，正定的状态能让正见转化为智慧。借用佛教的概念，这种

"转识为智"[1]的过程是如何发生的呢？

原理并不神秘——

第一，每次观想中，我们所"观"的主题——正见，会进入了大脑内部，转化为深层意识；

第二，每次静坐中，我们"观想主题"不是一次，而是无数次，在这种重复观想中，正见被固定为信念；

第三，一年三百六十五天中，我们不会只正定一次，而是上百次，在这种重复观想中，信念被巩固为智慧。

原理不神秘，效果很神奇。请想想看：经常进行上述"感恩观想"的人，还会不会觉得世界亏欠自己很多？经常进行"讲和观想"的人，还会不会继续与人为敌？经常进行"当下观想"的人，还会不会总不在当下？估计都会比静坐前改善很多。

毕竟"转识为智"借用的是佛教的概念，如果用现代心理学的语言，该如何解释呢？潜意识。

---

[1] "转识为智"中的"智"在佛学中特指"般若智"，此处泛指深入大脑的一切智慧。

定与潜意识

前面提到,"以识破识"的障碍之一是潜意识。既然正见是外来的"识",而智慧是内在的"识",那么两者之间的转化就必须经过潜意识。

我们形容潜意识为大脑中的一座"大山",因为它是上天给我们的设计图中不该被开启的部分。如果把生活分为睡眠状态和清醒状态,两者都不是接触潜意识的理想时机——睡觉的时候,潜意识在活动,但我们无法觉知,因此睡眠状态不合适;而清醒的时候,我们有觉知,但又无法接触到潜意识,因此清醒状态也不合适。

那有没有特殊的第三种状态呢?有!入定(包含定与正定)就是这种例外。此时的当事人在自我观察,既像入睡,却又清醒。除了被称为第三种状态,从印度传到西方的"超觉静坐(Transcendental Meditation)"又称它为清醒、做梦、无梦睡眠以后的第四层意识。也有心理学家把它划分为觉知、思维、做梦和无梦睡眠以外的第五种意识。其实不论是第三种状态、第四种意识,还是第五种意识,共同点在于——

这是一种人为创造的非正常状态。

确实，只有人类才能想出这么奇怪的方法！并且不止一种。

第一种是催眠。催眠时当事人并不清醒，但旁边的人是清醒的；当事人在做白日梦，旁边的人在解读白日梦。催眠与潜意识的关系其实并不明确，但明确的是，梦受潜意识驱动，而弗洛伊德透过解梦来了解潜意识，最早也是从催眠术开始的。

这让我想起朋友子江告诉我的一个故事，说从前有个傻子，总是被周围的人瞧不起，但是每天晚上他都梦见自己在做皇帝。这样白天一醒来，他就失魂落魄，为生活奔波，而一到晚上睡着，他就在梦里耀武扬威，享受着荣华富贵。等他这辈子快过完的时候，他也搞不清楚自己这辈子是怎么过的，究竟是当了一辈子傻子，还是当了一辈子皇帝。

梦无法控制，催眠却可以，这本来是催眠最大的好处，却也成为催眠的最大问题——依赖于别人帮助。另外的问题是，不是每个人都可以被催眠，也不是每个人都愿意被催眠，即使都符合条件，也不是总能遇到好的催眠师。

第二种方法是弗洛伊德开创的、需要大量时间完成的精神分析。方法是病人自言自语地自由联想，医生通过启发、倾听，分析解读潜意识的信息。按照弗洛伊德的思路，最好一直追溯到自己的童年、追溯到自己的性幻想，找到潜意识中压抑的来源。其实这个方法不是进入潜意识，而是靠医生从侧面描绘潜意识，就像我告诉你一部电影的情节，即使我的描述再具体，也不等于你看了这部电影吧。不仅不直接，还会积累大量的"待办事项"。

第三种方法是"从静坐入定"。静坐的好处显而易见：完全自助，非常成熟，也最便宜。首先是自助，静坐不需要催眠师或心理医生，自己就可以实施。其次是安全，相对于催眠和精神分析，静坐者一旦感到不适，自己就会停止，没有人比自己更想保护自己，这远比旁观者的判断可靠。最后是几乎没有花费。静坐练习只需要一个坐垫、几件宽松的衣服和一个小房间，所需要的资源是如此少，很符合由繁到简、返璞归真的本意。不过心理学实验发现，人们往往对付出金钱的项目更珍惜，钱花得越多越珍惜，对完全免费的项目反而不太重视。真令人左右为难。

比较三种方法后的结论是："从静坐入定"是进入潜意识的最佳选择。

这就不同寻常了：**原本按照常规方法，潜意识是无法接触的，而现在按照非常规方法，进入潜意识却有了快速通道**。其实从直觉上看倒也寻常，弗洛伊德讲过："梦是通往无意识的途径"，而静坐看起来本来不就像坐着睡觉吗？

各位会问：原理何在？

我可以给出两个类比。一个类比是，各位一定坐过地铁吧，我年轻时是地铁的常客,当列车行驶的时候,我们是看不见外面的,只能看到车窗外的一片灰色在不断闪过,但当列车到站或者中途停下来的时候,我们突然看清了外面的墙上画着什么。入定的效果也是一样,只有当心念减速、减速、减速到接近于零的时候,我们才能突然看清它。

另一个类比是,当我写这段文字的时候,已经是夜里十点钟,家里的其他人都睡觉了,我听到隔壁房间的钟在"嗒嗒嗒"地走。奇怪,我白天从来没有听得这么清楚,实际上白天我从来没有意识到那里有个钟,更别提听到任何声音了。为什么呢?因为白天来自街上的车水马龙声、隔壁的喧哗声、家里的对话声,遮盖了钟的声音。其实它一直在那里,"嗒嗒嗒"的声音也一直在那里。直到夜深人静,周围的噪声都没有的时候,我才突然听到了钟的声音。潜意识也一样,它一直埋藏在我们念头的噪声里,只是我们一辈子都无法察觉它在那里。只有当入定的时候,当一切念头都被剔除的时候,潜意识才像我隔壁房间电子钟的声音一样奇迹般地显现了。比起前一个例子,我更喜欢这个例子,因为对自我平静的目标而言,身体速度归零固然重要,但念头噪声归零更重要。

这两个类比解释了"定"与潜意识的关联:潜意识是如此之"静",稍微一点波动都会掩盖它的存在,平时我们的"心"很少静得如此彻底,也很少"向内看",自然看不到潜意识;而只有在入定后,我们把身心静到和潜意识一样的时候,才突然看清了后者。我们以为效果神奇,其实如同海水退去、礁石露出一样毫不神秘。

各位接着会问：证据何在？

台湾的洪朝吉先生讲述过一个小故事，说一个徒弟学静坐的时候，总在入定后出现幻觉，好像看见一只蜘蛛。这只蜘蛛会从小到大、从远到近出现，不管徒弟怎么专心想别的，这只蜘蛛就是挥之不去。于是他跟师父说："如果明天蜘蛛再跑进我的大脑，我就杀死它。"大家知道佛教是禁止杀生的，恐怕连想象中杀生也很勉强，因此师父劝徒弟先不要着急："等你看到蜘蛛的时候，先在它肚子上做个记号，以后再杀死它不迟。"下次徒弟入定的时候，果然蜘蛛又出现了，徒弟按照师父的指示在它肚子上画了个"十"字。静坐结束后，他得意地对大家说："看看院子里哪只蜘蛛的肚子上有个'十'字，它就是来我大脑中捣乱的那只。"师父轻轻一笑说："别找了，掀开你自己的衣服看看。"徒弟把衣服撩起来，果然发现自己肚子上歪歪扭扭地画了个"十"字！

这个故事会让弗洛伊德满意。让我猜猜他的分析：这只蜘蛛一定源于徒弟潜意识中的压抑吧，只不过平时隐身，在静坐中显现了出来。蜘蛛不是代表徒弟的性幻想，就是代表他的童年创伤，或者两者兼而有之。最让弗洛伊德满意的应该是那个"十"字，因为他毕生追逐的潜意识终于有证据了！

总结本章的内容，我们找到了改善潜意识的非常规途径，帮助我们越过了头脑中的第一座"大山"。

更重要的是，潜意识的改善有助于心理素质的提升。起码有助了一半：你看，定力帮助我们抵御外界的诱惑——太好了，可以面对"美女妖精"了；再看，智慧帮助我们驳斥烦恼的念头。但是，这里有个问题：念头真会给我们驳斥它的机会吗？

第九章

觉知力

再说习惯

"抓住念头真的很难吗?"对问这个问题的家伙,我恨不得敲他脑袋几下,因为这家伙根本不知道自己在谈什么。

亲身检验一下就知道了,请做三次不同的观察。

第一次,闭上眼睛一分钟,观察自己的念头。注意,不要专注于呼吸,而要专注不让念头出现。我们会发现什么?一分钟过去了,自己一个念头也没有。

第二次,再次闭目观察,时间延长到五分钟。这次发现了什么?不知道从大脑哪个角落冒出来三四个念头。

第三次,重复上面步骤,时间延长到十分钟。又会发现什么?又冒出了十个左右的念头。

这个实验告诉我们,大脑对念头的警觉能保持多久:要保持一分钟的警觉,谁都可以做到;要保持五分钟的警觉,就很难做到;再到十分钟,念头已经在大脑里自由进出了。想想我们以天来计算的生活中,有多少未经觉察的念头流过！

如果谁不服气，可以重复上述实验，不管多少次，结论都类似：**相对于理解念头很容易，抓住念头很困难！**如果哪位能轻松保持十分钟没念头，那么或者你要通知我重写此书，或者你是完全不需此书的天才。

比零散的念头更难抓住的，是习惯性的念头。

在我们身上，有些负面思维模式已经运行了几年、十几年、几十年，甚至升级成了习性。难怪道理归道理，行动归行动。当我们有意识地行动时，才发觉习惯思维早已发生——

记得多少次，自己许下了戒烟大愿，一醒神，才发觉万宝路不知道什么时候又溜到了自己嘴上，忘记了刚才的念头是哪里来的；

记得多少次，我们许下了不再和家人发脾气的大愿，当摔门而去的时候，才发现自己又完成了一次大爆发，多少愤怒的念头已经过去；

记得多少次，我们曾经许下了要早睡早起的大愿，一抬头又是夜里十二点了，因为之前念头不断提醒自己要完成今天的事情。

我们讲过习惯包括行为、情绪、思维三部分：习惯行为好像一驾失控的马车；习惯情绪好像车上的旗帜；而习惯性的念头好像跑在最前面失控的奔马，每次当我们想起来追赶的时候，却只能看见它远远的背影。

我们还讲过如何建立习惯，却留下了一个难题：如何改变习惯？

理论上很简单：在习惯的念头出现时觉察它、知道它，才能进而阻止它。泰国的隆波通禅师是这样解释的："让我们来培养自己的觉性。念头生起时，知道、看见、了解它，这就是'觉知—定心—智慧'，我们称之为'自觉'。只要我们觉知，念头就无法作怪；若不留神，它就演个不停。"

注意到了吧，与"以识破识"的方法对比，这里增加了关键一步——觉知。前面讲过觉知的好处——认清幻象、发现真相，但并没有提到改变习惯，因为现实中做到这点并不简单。

估计各位已经猜到，觉知与觉知力还是两码事！这么说是因为，刚才的实验已经证明，觉知不连续、不清楚、不及时，靠它去控制念头是靠不住的；我们可以寄予希望的，只能是连续、清楚、及时觉知的能力。觉知力的意义在于：改变习惯不再是空谈，现在有了方法。如下图所示：

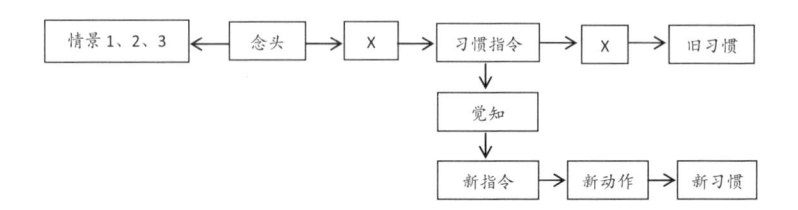

情景1、2、3 ← 念头 → X → 习惯指令 → X → 旧习惯
                              ↓
                             觉知
                              ↓
                            新指令 → 新动作 → 新习惯

第一行，说的是旧的习惯模式——习惯情景会触发习惯念头，自动产生习惯指令和习惯动作。这是无意识的模式。

第二行，说的是打破习惯——觉知能在念头转化为动作之前觉察念头、知道念头、切断念头，从而阻止旧习性的发生。

第三行，说的是新习惯的建立——经过觉知的审核，新指令会产生新动作，新动作不断重复就会变成新习惯。这是有意识的模式。

在第五章我们讲过，改变习惯的非常规方法，"是一种需要锻炼才能形成的特殊能力"，也就是我们的觉知力。

如果有什么指标可以来衡量觉知力，那就是速度。

这是因为，觉知力的目的在于抓住念头，而念头之所以难以抓住，就是因为速度太快。圣严法师说，通过入定，他能发觉每秒有十来个念头。泰国的隆波通禅师则更进一步地说："念头是最快的，快过闪电或其他。由于我们看不清念头，所以有痛苦。"

幸好上述说法不完全准确，现代医学揭示，念头虽然很快，却没有光速那么快。心理学家塔拉·贝内特-戈尔曼提供了来自神经研究的发现："病人从意识到动作的意图再到动作实际发生，只需要四分之一秒的时间。这个时间视窗很重要，我们可以决定是随冲动去行动，还是拒绝行动。可以说，这一切都是在四分之一秒中决定的。这个视窗给了我们打破（念头）链条，不随之盲目行动的时间。"[1]

我们的觉知力能抓住这个视窗吗？

---

1 （美）塔拉·贝内特-戈尔曼著，达真理译：《烦恼有八万四千种解药》，中信出版社2011年版。

好的消息是，对人类而言，觉知的潜能与生俱来，无须外求。如果说上天赋予我们这个物种什么潜能，恐怕这是最奇特、也最易被忽视的一种。比起动物们的无意识，只有人类才能抓住念头、改变念头，成为名副其实的觉者。

不太好的消息是，对多数人而言，胡思乱想久矣，甚至忘记了这种潜能的存在，难怪觉知力早已退居二线，我们需要找到它、培养它，使它强大——

这可以从一种简单的练习开始。

做个观察者

同样，先理顺本章中的几个概念：自我感觉是练习，正念是中间过程，觉知力是结果。

正念（方法） → 觉知（过程） → 觉知力（结果） → 抓住念头、改变习惯（终极目标）

所谓自我感觉的练习，具体说来，就是学习做个观察者。

首先要搞清楚这个动作的主语——谁在观察？

答案是"你"。

其次要搞清楚这个动作的宾语——观察什么？

答案是"身体"。一般人提到观察的物件，首先想到的是，外面的风景或四周的环境，这是方向性的错误。我们要观察的物件，不在身体之外，而在身体之内——眼、耳、鼻、舌、身、脑。

最后，要搞清楚这个动作的谓语——如何观察？

答案是"自我感觉"。不是用眼睛，而是用我们的神经系统去感觉。

把身体想象成一个神奇的实验室吧。主持人"觉知"位于脑的某个位置，脑伸展出去的神经就像探测器般连接身体器官，那些器官就是要观察的物件。与科学实验室不同的是，意识实验室就在我们体内，一切准备就绪，就差你这位实验者到位了。

下面以站立姿势，做一次简单的自我感觉练习。

身体准备——站立。

双脚与肩同宽。腰背挺直，双手放在肚子上。双膝可以挺直，也可以微微弯曲。把注意力稳定在呼吸上。

心理准备——感觉。

让我们按照从外向内的顺序觉察与知道：

——感觉手的部位。你可能说："没有感觉啊？"提示一下，请仔细体会手的表面，有没有感觉到细细点点。

——感觉脚的部位，应该同样是细细点点的感觉。

——感觉头、胳膊、腿、内脏，每个部位依次十到三十秒，只需要问自己"那个位置是否不适"即可，如果答案是"有不适"，则延长时间去感觉，问自己："具体哪里不适？"

——感觉胸中的气血，体会一下有没有气血的涌动。

——回到呼吸，跟随呼吸，感觉呼吸。沿着吸气的进入，体会到鼻孔里一股凉凉的感觉；随着吸气进入体内，体会腹部挺起的感觉；反过来，沿着呼气的吐出，体会鼻孔温热的感觉，随着呼气排出，体会腹部下陷的感觉。加起来总共五到十分钟，这样我们就完成了自我感觉的练习。你会问："这有什么稀奇？"稀奇在于，我们可能从来没有这样做过，从来没有这么"向内"关注过自己。

除了观察自己的身体（色），我们还可以观察感受（受）、判断（想）、指令（行）、整体意识（识）。

"观感受"，觉知感觉带来的感受，苦受、乐受、不苦不乐受。

"观判断"，觉知感受带来的思绪，大脑里的浮想联翩。

"观指令"，觉知思绪带来的冲动，想到要停止的念头。

"观意识"，有愉悦、兴奋，也有烦躁、无聊，恐怕后两种的可能性更大。

你又会问："这有何稀奇？"稀奇在于，我们发现一切在生灭之中，如佛陀所说："此生故彼生，此灭故彼灭。"由此我们确认两点——

一、佛陀的理论是可验证的。如何验证？在对色、受、想、行、识的观察中，体会无常、苦、无我的道理。

二、佛陀的理论是可实践的。如何实践？"生"提醒我们感恩，"灭"提醒我们讲和，"跳出生与灭"提醒我们当下。

或许佛陀的理论被讲得过于简单，抑或真相本来就不复杂。

专注地觉知

一次性的自我感觉不难,持续自我感觉才难。比如,在前面的练习和更前面的实验中,十分钟过后,我们就开始走神!如何像给手机充电那般给觉知力加分呢?**既然泛泛的觉知难以持续,我们就需要集中注意力,就需要保持正念!**

方法不难,按照之前的定义——专注地觉知,我们在非专注的觉知中加入"专注"的元素,就进入正念的状态。比如在冥想时我们把注意力放在呼吸上,在跑步时我们把注意力放在脚步上。那么在生活中,我们又有哪些既专注又觉知的时刻呢?

凭我个人的观察——

对女士来说,可能莫过于对着镜子看脸上痘痘时的专注而觉知;

对男士来说,可能莫过于关注自己心仪的女生时的专注而觉知。

下次如果看见上述情形,别忘记夸奖这些朋友:"你够正念!"

部分读者可能质疑："我听过几种'正念'，哪种对呢？"正好，我来为这个流行词科普一下。

"正念"这个词，原本是来自佛教的概念，后来被"出口"海外，历经多次转手，多次翻译。沿着北方线路，它从梵文到中文，从中文到日文，从日文到英文，最后我们又把英文的解释翻译回了中文。而沿着南方路线，它从印度到斯里兰卡，到缅甸，到东南亚，近年来到美国和澳大利亚，最后回到中国。

面对这样一个上千年来多次转手、重获新生的概念，不同地方的人难免会从不同角度去解读。唯一的问题是，这让读者越读越混淆。就像那个瞎子摸象的成语说的，几个人同时告诉你"大象是扇子""大象是柱子""大象是绳子"，这些描述都没错，若是可以明确对应大象的哪个部位就好了！同理，很多正念的说法都没错，但未必是本意，仅仅是引申意。

最常见的有两种："实相"与"当下"。

之所以说它们不算定义，因为从中文结构就能看出："正"字和"念"字里，哪一个有实相或当下的含义？

之所以它们算引申意，因为实相与当下都伴随正念而来。前者我们已经讲过，觉知带来真相，而后者我们要补充下：为什么正念带来当下？

既然正念中的"正"是正面面对的意思,那我们不可能正面面对过去,也不可能正面面对未来,我们所正面面对的,只可能是当下。这就是觉知的作用:我们所觉知到的,既不是上个星期,也不是下个星期;既不是昨天,也不是明天;甚至既不是一分钟之前,也不是一分钟之后,仅仅是此时此刻。我们无法用时间的刻度去称呼它,只好称为"当下"。

记得我们不是第一次提到当下了,我们在第四章中讲到人生正见的钥匙时,还只是概念上的当下。而现在觉知力所带来的是"心"所感觉的当下。尽管这两种当下,一个是思维,一个是觉知,都比我们活在过去或未来要好,但又有所不同。

不同在于,思维是没有时间限制的,它可以跑回过去,也可以跑去未来;而觉知是有时间限制的,它只能停留于当下,让它跑都跑不动。因此,当我们觉知时,我们才能体悟到超越思维的当下。

更重要的不同在于,思维无法把你带回当下,而觉知可以做到。它是怎么做到的呢?用大脑中的觉知模式取代大脑中的思维模式即可实现。烦恼的过去是思维的产物,思维不在了,回忆和后悔也将不在;烦恼的未来也是思维的产物,思维停止了,忧虑和期盼也将停止。

因此,觉知取代思维,就会让烦恼消失,平静由此而来,这就是"心"的力量。

所以说,当我们用正念去"专注地觉知"的时候,我们必然会收到两份精美的赠品——实相和当下——与正念的定义并不矛盾，只是引申了正念的意义。

我们不妨这样形容：正念这个少小离家的小孩，当他结束了海外漂泊回到故乡的时候，虽然看起来还是他，但又不再像原来的他。他多了几分洋气而少了几分质朴。但我仍决定，不管他曾经叫什么洋名，小时候怎么叫，现在还应该怎么叫才对，都称他作——专注地觉知。

正念的生活

佛陀"开悟"后不久,试图给弟子们解答"怎样的生活才算开悟的生活"。某天,一个小孩给佛陀带来一个橘子,佛陀从触摸它开始,一瓣一瓣地把它掰开,一瓣一瓣地品味,品尝得那么香!他说:"我们日常的生活就像橘子一样,就如每个橘子由一瓣一瓣的橘子肉组成,每天也由二十四个小时组成,一个小时就如同一瓣橘子肉。生活了二十四个小时就如同吃完了全部橘子肉。我所找的道路,就是要把每个小时都活在专注的觉察之中,心念永远只投入这一刻。就像每天有很多时辰一样。我们每个时辰都应该像品尝每瓣橘子那样去过才对!"[1]

由此引出一个现代人很关心的问题:怎样的生活才算高品质的生活?

现代人太需要高质量的生活了!

虽然每人对生活品质的定义不同,但我希望各位能认可,它至少应该包含两个要素:一是品位,二是生产力。想想看,如果光有生产力,

---

[1]（英）迈克·乔治著,南溪译:《找寻内心的平静》,漓江出版社2012年版。

没有品位，那好似我们当牛做马过了一生；可如果光有品位，没有生产力，那又好像我们没给世界做什么贡献。唯有两个条件都满足时，我们才能问心无愧地说：既没亏待自己，也没辜负社会。

那么，怎样满足第一个条件——品位呢？答案是觉知。因为通过觉知，我们才能体会当下、体会细节。

怎样满足第二个条件——生产力呢？答案是专注。因为通过专注，我们才能效率最高、创造力最强。

这样就清楚了，把清醒时的生活状态分为四种——专注而觉知，专注而不觉知，觉知而不专注，既不觉知也不专注。如果只选择一种高品质状态，那一定是专注而觉知的状态。这并不令人惊讶，正念令人"身心合一"，这正是在篮球、网球、击剑、橄榄球、足球、棒球等运动中体育明星魅力的体现——伟大的运动需要全身心投入。这也是为什么盲人艺术家时常出现——某一方面的身体缺陷使他（她）们在另一方面更敏锐。我们所惊叹他（她）们所发挥出的天赋，不过是"精诚所至，金石为开"的"专注觉知"罢了。

清醒时的四种生活状态

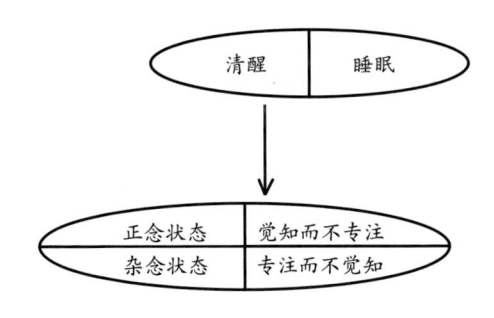

| 清醒 | 睡眠 |

| 正念状态 | 觉知而不专注 |
| 杂念状态 | 专注而不觉知 |

/ 第九章 /　　觉知力

正念状态的反面就是杂念状态。很多朋友这时冒出这个问题：真有这样的情况吗？

这就是问题所在，我们大多不太清楚自己所处的状态。最好的判断，莫过于不时审视自己：我的心和我的身还在一起吗？近期出现了不少反面教材——以"身心分离"为题材的电影。电影《阿凡达》描述一位伤残的地球战士躺在一个太空站里，他的念头却飞去拯救另一个星球。电影《源代码》描述一位只有半个身躯的主角躺在实验室里，他的梦却飞去阻止火车上的恐怖分子。其实，比电影更精彩的是我们自己的白日梦：我们可以一边身体在课堂，一边大脑在恋爱；甚至可以一边身体在恋爱，一边念头去谈另外一场"恋爱"！

对我们大多数人来说，"专注而觉知"只是生活的片段，"既不专注也不觉知"才是生活的常态。在这点上，即使比尔·盖茨也不能免俗。他在退休的晚会上讲过这样一个故事：作为世界首富的他保持自己开车送小孩上学的习惯，只是好几次当抵达目的地的时候，他才意识到自己刚才走神又走错路了。

因此，佛陀对我们的生活建议很简单：在行、住、坐、卧中都保持正念。其中，比较容易做到的是"住""坐""卧"中的专注觉知，我们只需在思考中不走神即可。比较难做到的是"行"中的专注觉知，再加上"跑"中与"吃"中的专注觉知——走路时，感觉每一个脚步；跑步中，体会每一次呼吸；餐桌旁，品味每一下咀嚼。如苏格兰诗人罗伯特·斯蒂文森所说："自我关注是平静的，它是自然力量，你可以说，树也是自我关注的。"正念中的自我关注，带我们回到原始的生命力。

相对于行、住、坐、卧、跑、吃，更难做到的是情绪中的专注。情绪能轻而易举淹没任何专注与觉知。请别气馁，在生活中尝试观察：当情绪发生时，反观大脑中的念头和身体中的能量。心理学家塔拉·贝内特-戈尔曼将情绪比喻为挠痒痒的冲动："假如你得了皮疹，最好还是不要搔它，对待感情也一样。"[1]

听起来有难度吧。说难也难，说容易也容易。说保持正念难，是因为我们已经习惯了分心和走神。而说保持正念容易，是因为我们仅需要关注此时此刻。由此我想起一个寓言，说一个新上路的小钟表准备开始走路前，忐忑不安地向旁边一个刚退休的老钟表请教人生经验。老钟表说："这辈子啊，你要准备走10年，3648天；87552小时，5253120分钟，315187200秒钟，总共3亿多步。"看到小钟表腿都吓软了，老钟表接着说："别急，你一秒走一步就行了。"

---

[1]（美）塔拉·贝内特-戈尔曼著，达真理译：《烦恼有八万四千种解药》，中信出版社2011年版。

小结

好，让我们总结下两个练习、两种状态、两个目标。

按照佛学的逻辑——

* 我们要提升心理素质，所以需提升定力与觉知力；
* 要提升定力，就要通过正定，就需静坐练习；
* 要提升觉知力，就要通过正念，就需自我感觉的练习。

按照心理学的逻辑——

* 我们要想让烦恼不再来，就需改善潜意识和习惯；
* 要改善潜意识，就要通过正定，就需静坐练习；
* 要改变习惯，就要通过正念，就需自我感觉的练习。

把两种逻辑贯穿起来：

心理学目标	中间状态	练习	佛学目标
改善潜意识	正定	（冥想）静坐	提升定力
改善习惯	正念	自我感觉	提升觉知力

结论是：佛学的练习不仅可以实现佛学的目标，也可以实现心理学的目标。大山可挪移，靠的是信念；大山如何挪移，靠的是方法。

揭开古老传统的神秘面纱，我们找到一条理性的修心之路：透过静坐练习进入正定状态，实现改善潜意识、提升定力的目标；通过自我感觉练习进入正念状态，实现改变习惯、提升觉知力的目标。

今天，我把这条理性之路向每个烦恼不堪的现代人推荐，为的是一个根本的目标——平静。说来奇怪，我们一直在用"提升定力""提升觉知力""改善潜意识""改善习惯"这些充满目的性的词，其实禅修中的每个点——正定与正念——已经把我们带回了毫无目的的平静。

"心的锻炼"，就此结束。

走出"心的锻炼"，现代人面临一个现实的问题：社会的节奏如此紧张，连修心都被当作奢侈，"专注地坐着"还真成了度假！要解决这个问题，让我们把静态的练习应用于动态的生活之中吧。

第十章

生活中"观念头"

一个要领

为了明确"观念头"的目标,不妨先对自己的烦恼做个普查:有哪些负面思维?有哪些负面情绪?可这样一问,问题就来了:大家经常提到念头和情绪,但真到区分的时候,恐怕还是无从下手。因此,提前透露个简单的规则,看看念头来的时候,身体内有没有气血的波动,凡是没气血波动的烦恼划分为念头类,凡是带气血波动的烦恼划分为情绪类。

请列出一张负面思维的控制清单:自责、指责、嫉妒、忧虑、后悔,还是都有。另请列出一张负面情绪的控制清单:忧郁、焦虑、愤怒、悲痛,还是都有。别担心,我也属于最流行的"都有"一族,否则凭什么来写这本书呢?

目标明确后,让我们先从第一份清单开始。

如何转变负面思维,可谓是近年来长盛不衰的话题,俗称"转念"。读者会问:这方面的书籍已经多到令人眼花缭乱,难道还不够丰富吗?

不,我觉得根本谈不上丰富,甚至可以说很单一,因为它们都可以归为一类——**用思维去驳斥思维**。比如，自责了怎么办？就告诉自己爱自己；嫉妒了怎么办？就告诉自己爱别人；后悔、忧虑了怎么办？那就告诉自己不要后悔、不要忧虑。这些都属于"以识破识"。有错误吗？当然没错。但真有用吗？说实话，用处有限。

根据前面的介绍，我们知道有两个原因：一是我们的定力还不够强，很容易受负面思维的影响；二是我们的觉知力还不够快，即使有正见也抓不住念头，更别提"转念"了。

想象下西部片中的对决场景吧。大英雄克林特·伊斯特伍德面对一百多米外站着的歹徒，街边的住户纷纷关上了窗户，小镇的时钟嘀嗒嘀嗒地响着，预示着死神的来临，空气仿佛凝固了一样。枪声一响，较弱的、掏枪较慢的那位倒下来——他在电影中只能是反派的角色！

和念头的对决是不是也很类似呢？我们自认为已经准备好了足够的弹药、手枪、姿势，甚至决斗专用的万宝路香烟，可还没有缓过神来，念头的子弹已经呼啸而来。怎么回事？子弹的速度太快、杀伤力太强，而我们既躲不开子弹，也挡不住子弹。之前我们靠理念转化正、负面思维，就往往如此低估了念头，高估了自己，结果当嫉妒、指责、后悔、忧虑冲上心头时，还没来得及正见——代表正义的我们就倒下了。

这次我们另辟蹊径，什么蹊径呢？一个要领、两个准备。

这一个要领就是觉知，"观念头"中的"观"字由此而来。

如何"观"念头？我们不是因为好奇而"观"，而是为控制负面思维而"观"；也不是用眼睛去"观"，而是用觉知去"观"。当念头升起的时候，如果能觉察它、知道它，就是在"观"了。

别小看这一要领。有了觉知在前，才用上正见在后。就好像足球赛中的起脚射门，看似连续的动作，其实可以分为"看球"和"踢球"两部分。在观念头中，觉知好比看球动作，用正见驳斥好比踢球动作，哪个更重要呢？当然要先看清球，才能踢到球啊。否则，球没看清就起脚，漂亮的倒钩、飞铲、凌空等射门姿势不都白练了吗？

而我们要看清的大脑中的"球"，就是念头。甚至在负面情绪中，要先看清的"球"也是念头。想想当我们意识到自己愤怒、悲痛、忧郁等情绪时，是否早已错过了飞在前面的念头？可以说，无论是控制负面思维，还是控制负面情绪，觉知念头都是关键的第一步。

对嫉妒、责备、自责、忧虑、后悔等"坏念头"要觉知，但你会问：对"好念头"也要觉知吗？我的建议是，**念头不管好坏，都应该被觉知，因为觉知的能力，只有在生活中练习才会加强**。比如，哪天你在公交车上突然冒出给老人让座的想法，那要立即给自己表扬啊："这是一个善念，真棒！"我就是这样抓住时机肯定自己的。即使你没有像我这样"敏锐的觉知力"，错过了表扬自己的善念，我们还是要表扬你，上天也会表扬你，因为对这个社会来讲，善是无条件地被需要的。

既然要培养觉知的能力，那除了觉知得清楚，更要觉知得及时。要知道，念头不但速度快，还是一种连锁反应，稍不留神，当我们恢复意识的时候，面对的早已不是第一个，而是第七个、第八个念头了。念头们可不懂"适可而止"，它们的逻辑是"得理不饶人"：一个念头带出下一个念头，下一个念头带出情绪，情绪又带出新的念头，直到让我们在烦恼的旋涡中无法自拔。

除非，觉知能在第一时间拉我们一把。

甚至念头可能是一种"不知不觉"的习惯，因为十之八九这不是它第一次出现了，它已经变成了自动模式的一部分。比如最早一种隐约的担心，不知不觉中，忧虑变成了恐惧，恐惧变成了愤怒，愤怒变成了嗔恨，嗔恨变成了焦虑，焦虑变成了忧郁。

除非，觉知能在第一时间斩断习惯的链条。

两个准备

觉知固然好,但"能力"不够怎么办?

这完全可以理解。因为定力和觉知力等心理素质,都需要长时间的锻炼才能提升。如果在此之前,我们就要控制烦恼的念头,怎么办呢?那就需要补救措施了——提前准备。

准备什么?正见,作为转化烦恼念头的解药。

我们讲转变思维未必奏效,不代表无须正见,反而需要觉知(一个要领)加上正见(两个准备)。其内容与第四章的方向并无不同,但有几点建议:

一是"解药"必须有效,不是对别人,而是对自己。最好不听则已,一听就有触电般的感觉,这才叫"正能量"嘛!

二是"解药"越短越好,最好能当作口头禅,这样易于变成自己的潜意识。

三是"解药"不怕夸张，越夸张越好。你会发现本书的很多建议都符合这三点，尤其是最后这点。

何时准备呢？不是事后，不是事中，而是事前。

就好像学校中的论文答辩，一个聪明的考生在出场前，对关于自己论文的解答早已胸有成竹了吧。本次"观念头"的考试同理。考题我们已经知道了，就是前面普查出经常困扰自己的烦恼，既然我们知道念头来得很快，既然我们知道觉知还跟不上速度，为什么不有些自知之明，提前分析好考题，准备好答案呢？

就此分享一下我自己的体会。十几年前，我曾经有过一段心情不佳的日子，那算我事业中的一个低潮吧。一年之中，好几个最早的合作伙伴陆续离开了公司。回想起原因，虽然说当时公司业务遇阻，但主要可能是我这人向来"不善于励志"。当遇到困难的时候，下属们难免会彷徨，就迫切需要引导。那时的我多么希望自己能像英雄人物般大手一挥、两眼圆瞪，慷慨激昂地勾画出美好的远景，而且就是后来公司渡过难关后确实发生的远景！但因为我性格使然，无法用不确定的未来鼓舞士气，于是看着困惑的同事们一个接一个地走了，虽说覆水难收，但在之后的一年多时间里，自责、后悔的念头一直纠缠着我。直到后来有一天，当我坐在从九龙到中环的轮渡上时，突然想到了"不要为打翻的牛奶哭泣"，似乎一下子豁然开朗了。

之所以要告诉大家这个例子,倒不是为了分享如何不后悔,而是想弄清楚,为什么我从十岁开始就知道"打翻牛奶"的道理,却在被负面念头折磨了一年之后才想起这句话呢?可能是因为当一个人处于低潮的时候,反应速度较慢,记忆力较差,甚至智商较低吧。当时我就属于这种情况,每个人的一生中都可能会遇到这种情况。

怎么办呢?既然像那句老话讲的,"事后没有后悔药可吃",咱们就学聪明点,把后悔药提前吃吧。现在我床边的柜子上,歪歪扭扭地贴着很多字,其中一排就是"不要为打翻的牛奶哭泣"。这句话我读了那么多遍,似乎跑进了我的潜意识,似乎成了我的最佳"解药",之后我再没出现长时间的后悔。

不仅要提前准备烦恼的解药,而且要准备的解药还不止一服。

至少两服,针对一前一后的两个念头。前一个念头很明显——我们烦恼的事情。不太明显的,是后面还跟着另一个念头——不针对具体事情的、只是在为继续"想"提供辩护的念头。记得吗?念头有这样一个特点,它无法容忍我们停止思考,它会习惯性地提供借口让自己生存下去。

当你试图摆脱愤怒的时候,念头会告诉你"发泄一下也好",于是你的愤怒有了继续下去的理由；

当你试图摆脱后悔的时候，念头会告诉你"一定要吸取教训啊"，于是你的后悔有了继续下去的理由；

当你试图摆脱忧虑的时候，念头会告诉你"一定要未雨绸缪啊"，于是你的忧虑又有了继续下去的理由；

当你试图摆脱指责的时候，念头会告诉你"这样不公平啊"，于是你的指责有了继续下去的理由……

要切断前后两批念头，我们就需要准备两服解药。

比如对治后悔的习惯，并且知道自己常为损失财物感到懊恼，那么第一服"解药"很清楚——为什么损失财物不值得后悔。而当打消掉这个念头以后，后面还可能冒出来另一个念头，让我们静不下来："不能停止思考啊，否则怎么吸取教训呢？"针对这个为前一个念头辩护的念头，我们还需要准备另一服"解药"——为什么不值得继续思考。

下面，我们将把一个要领、两个准备用于生活中的烦恼：指责、嫉妒、自责、后悔、忧虑。如果哪种你没有，请自动跳过。何必要去了解一种自己没有的状态呢？但如果哪种你都有，只会证明你是个再正常不过的地球人，而且要恭喜你的是——这不变成一本专为你写的书了吗？

让我们先从最常见的一种负面思维开始。

观净相

所谓"净相",就是指责。为什么要用相对生僻的"净相",而不用通俗易懂的"指责"呢?因为前者指出了后者的源头——看不惯别人、总觉得别人不够"干净"。事实上,落实到行动的指责很少,更多的指责还仅仅是种心理状态,却同样造成烦恼。"净相"就是这种心理上的指责。

细分起来,世界上有两类"净相"较重的人。

一类是看不惯别人但看得惯自己。我们周围确实存在这些无耻的家伙,对别人十分严格,对自己却无限宽容。比如,别人发脾气是素质低,自己发脾气是真性情;别人向上爬是争权夺利,自己向上爬就是奋斗不息;别人迟到属于懒惰,自己早退属于爱家。前面刚骂别人随地乱扔东西是没有公德,一转眼自己也这么做就有充足的理由。反差是不是太大?所幸此类奇葩虽然各地都有,毕竟还算少数。

另一类"净相"是看不惯别人也看不惯自己,苛求别人也苛求自己,这种人一般被称为完美主义者。一个完美主义者不允许世界和自己犯一丁点错误。如果火车晚点了，他们既会骂交通部管理混乱，也会骂自己为什么没有预计到这件事情。令人困惑的是，这类"净相"的朋友往往不是坏人，而是一群很清高、很讲理、很优秀的人。

据估计，在第一类"净相"的领域，法国是"领先"世界的。很多有幸与法国老板共事的朋友都反馈，老板哪怕自己没那么优秀、没那么讲理，但同样清高，同样觉得别人都不干净。具体表现为："自己的假期要多，但别人的假期是不需要的""自己的工资总是不够，但别人的工资都过高了"。除了朋友的反馈外，我还有幸学过几年法语，多少有点亲身体会。

首先对一切外来文化，法国媒体均保持非常苛刻的标准。对外国文化是如此，对外国人的态度就更不用提了。所幸公平的是，法国人不仅看不惯外国人，也看不惯本国人。以我见到的为数不多的法国人来看，他们觉得周围人不仅亏欠自己很多，而且水平一定也不如自己。甚至连天气和文物（自己收藏的除外），他们也会抱怨。大家一定怀疑，我对法国文化的这种了解是否有些绝对呢？确有例外，就是小部分的法国人连自己也看不惯，法国的自杀率在世界上也是排名靠前的。

感谢法国让我们理解了第一类"净相"。再来看第二类"净相"。

这些朋友会辩护："为什么完美主义是问题，而不是美德呢？"

首先，它让我们过于关注小问题，从而失去宝贵的幸福感。日本诗人萩原朔太郎说："所谓幸福的人，是只记得自己一生中满足之处的人；而所谓不幸的人，是只记得与此相反的人。"遇到生活中难以预料的事，一个完美主义者会难以释怀，难以释怀后会感叹，感叹过后会自责，然后这个循环重新开始。再遇到与自己无关的事，比如看到电梯里贴满了小海报，他就会心生不悦；看到年轻人开好车，他又会心生不悦。

其次，"净相"让我们难以与人相处。因为"净相"严重的人，往往坚持认为自己的标准才是唯一正确的，一旦遇到很小的争议，就表现为攻击性强、容忍度低。比如排队的时候，后面的人靠得太近，这不符合自己的习惯，于是希望后面的人按照"标准距离"排队；坐地铁的时候，旁边的人说话声量很大，这又不符合自己的习惯，于是希望别人按照"标准音量"说话。其实这些标准都是自己定的，也没有什么严格的界限。如果我们采取过激的反应，周围的同事和朋友就会心生畏惧，敬而远之。

最后，"净相"还让我们失去慈悲心。因为如果真的想去帮助别人，就必须理解别人，适应别人。佛陀就是这么做的，从荣华富贵、唯我独尊变为托钵行乞、教化众生，难道他没有回想过出家前的荣华富贵吗？肯定有过，但他放下了。难道他没有觉得周围的人难以教化吗？肯定有过,但他也放下了。所谓"在彼同彼,在此同此。彼此浑然,无分辨处",佛陀把关注放到了他要帮助的人身上,因而不再觉得自己有什么不同。而"净相"重的人,一定做不到这点。

不管哪类"净相",都应了那句话:"用别人的错误来惩罚自己。"

让我们看看"观净相"的三个阶段。

首先是准备阶段,即前面所做的关于念头的分析。对治"净相"需要怎样的解药呢?虽然感恩与讲和是大方向,可还稍显笼统,我们需要找出更适合自己、更具体的那服"解药"。在此推荐几条关于"感恩""讲和"的警句——

* 孔子说,爱人如己;耶稣说,爱邻如己。

* 俗话说,不要用别人的错误来惩罚自己。

* 金木水说,自己也好不到哪儿去,想想自己干过更蠢的事。

接下来初观净相,即觉察并知道指责的念头。自己在心里默默确认:"哦,这个念头是一种对别人的指责""哦,念头又看不惯别人了",然后用准备好的正见驳斥念头。

最后再观净相,即再次觉知念头,防止习惯思维重来。念头会找什么理由让我们继续"指责"呢?要么是"这样不公平",要么是"这有损集体利益"。

"公平"似乎是个大问题。比如，在电梯里有人乱贴小广告的例子，念头会说："我可是为了正义，难道坏人不该受到惩罚吗？"听起来好像有理，于是自己越想越气。问题是，"罪行"没有那么严重，只不过"净相"的念头把它想得过于严重罢了。

而"集体利益"似乎是为了别人着想。比如地铁里有人大声说话的例子，念头会说："这对环境不好，对大家不好，对当事人自己也不好。"于是越想越严重，就越希望纠正别人。泰国佛教大师阿姜查举过一个例子。在他的寺院中，有来自不同国家的学生，包括很多西方人也慕名而来，但这些学生在进修期间经常彼此看不顺眼，甚至看老师也不顺眼。某次，某位弟子指出了别人的很多毛病，并问阿姜查如何看待这些毛病。阿姜查回答说："你会对森林中的一棵小树生气，怪它没有长得像其他树一样又高又直吗？这是愚蠢的，不要评判别人，人各有特色，无须肩负着要改变所有人的包袱。"

观完了"净相"，让我们把它放下，再看看另一种形式的指责。

羡慕嫉妒恨

"净相"是看不得别人差,而嫉妒是看不得别人好。

别以为现代人嫉妒心强,其实自人和人打交道开始,这种负面思维就存在。古希腊哲学家芝诺定义:"妒忌是对别人幸运的一种烦恼。"现代作家维达尔更幽默:"自己的成功不够,别人还必须失败!"

几年前,美国有一部电影就叫《终极贱靶》(*Envy*),讲的是两个朋友中的一位发明了让狗屎消失的喷雾剂而发了横财,导致另一位内心五味杂陈。后来证明这个"狗屎梦"是黄粱一梦,两人又重归于好。究其原因,西方文化更强调竞争。相对而言,东方文化深受儒家的"克己"、佛家的"无我"、道家的"无为"熏陶,竞争性还弱些。但无论是东方还是西方,嫉妒可谓是全人类各民族的共通特性。

要为嫉妒的毒液准备解药,最好先了解其来源。

各位一定听说过"羡慕嫉妒恨"的说法吧?不知道哪位大师把过程

描述得如此贴切：从自己想有到不想别人有，最后到宁可自己没有，也不愿意别人有——起点在于羡慕。

难道没有健康的羡慕吗？有倒是有，只是很少。比如我有一位叫"年年有"的朋友，在多年的同学生涯中，不好意思的是，我始终比他强一点：上中学的时候成绩比他好，上大学的时候女朋友比他多，出国的时候比他早，连长得都比他帅很多。虽然如此比较是有问题的，但这都是为了突出这位"年年有"先生的大优点——没有嫉妒心。起码这么多年来，我每次取得一点成绩，他都真心为我高兴。所幸好人也有好报，最近听说他入选了中国招揽海外归国人员的"千人计划"，获得了针对国家级医药专家的巨额赞助，我也为他感到高兴。这种情况毕竟是少数，羡慕与嫉妒仅一线之隔。

女性比较注意生活的细节，往往表现在具体的事物上，比如看见别人家的房子比自己家的大，比如看见别人家的小孩上的学校比自己小孩上的学校好，比如看见女性友人买了新的包包。暂停一下，新的包包？路易威登、古驰、巴宝莉、香奈儿、迪奥？仅仅听到这些名字，女士们就会心跳加速，我写字的手也连抖了五下！相对而言，男性比较注重成就感，羡慕嫉妒恨往往出现在看到别人晋升得更快、取得了更大成就的时候，心中升起一种淡淡的郁闷："怎么不是我呢？"

良知告诉我们，嫉妒是不健康的，但如何控制却是大问题。

之所以用"观"的方法控制嫉妒,不仅是因为这种念头不由自主——需要"观",还因为这种念头来得慢、去得慢——适合"观"。

"观嫉妒"同样包括三个阶段,为避免重复,请参考"观净相"的流程,不同点仅在于两服解药的不同。

关于第一服解药,仍然有关感恩与讲和,但请找出最适合自己的那服解药,这里有推荐的几条警句——

* 《圣经》中说:不要贪图虚名,彼此惹气,互相嫉妒。[1]

* 心怀感恩。

* 为朋友高兴。

关于第二服解药,想想看,念头会怎么说服我们嫉妒下去呢?它当然不会以"我要嫉妒"的名义,而会以听起来更正义的说法,最可能的是:"凭什么他或她……"

我们不会和一个无关的人比较,因此我们不会去嫉妒小布什、Lady Gaga,或比尔·盖茨。但我们会和周围的人比较,和同事比:"凭什么升他(她)不升我?"和朋友比:"凭什么好事都被他(她)占去了?"和兄弟姐妹比:"凭什么爸妈总偏心他(她)们?"我们还会和曾经周

---

[1]《圣经·加拉太书》第五章第二十六节。

围的人、和过去的同学比:"以前我学得比他(她)好,怎么现在他(她)过得比我好呢?"和同乡比:"我们都是一个地方来的,瞧别人现在混的。"和过去的同事比:"某某年我还是他(她)的主管呢,怎么现在人家已经不一样了,可我还是老样子。"结果我们总是在嫉妒周围的人。

对治比较心的解药,最好是超越,如果我们能在成就上超越对方有多好呢?只怕无法在所有方面永远超越所有人。因此,更彻底的超越是不比较。老子可谓是逆向思维的天才,他说"为而不争""夫唯不争,天下莫与之争"。很难做到吧?没错,所以我们才要不断觉知啊!

"观"完了嫉妒,我们先把嫉妒放下,再看看第三种指责。

观自责

相对于前面指责别人的念头，对心理健康危害更大的，是指责自己的念头。

虽然自责只是一个念头，却总以我们身体里的"领导"自居，随着我们从小长大，它总用大脑中特有的细微声音提醒我们："对自己负责""对家人负责""对集体负责""对世界负责"……长大成人后，当我们犯了错误的时候，这个大脑中的细小声音变成了高声指责，不是追究责任"之前干什么去了"，就是小题大做、吹毛求疵、"都是你的错"。

朋友，你是容易陷入自责的人吗？如果是，你一定是个很好的人，但也一定是个备受折磨的人，因为你很清楚自己折磨自己的感觉，有时彻夜拷问，有时几个月追问。

在所有的负面思维中，自责对我们的破坏是最直接的，因为它不摧毁别的，而是破坏主体——直捣价值观的基础。苏格拉底认为一个人是否有成就，取决于自尊心和自信心。这两个基础，在"自责"下都变得岌岌可危。

它是如何摧毁自尊的呢？精神专家弗洛沃斯和斯塔尔写道："你是自己最严厉的批判者和审判官，并且你从来没有用对自己交谈的方式与别人交谈过，如果你真这么干了，你可能就没有任何朋友了。"[1]的确，谁也不曾这么审问我们，除了我们自己；谁也不会默默承受，除了我们自己。

它又是如何摧毁自信的呢？莎士比亚写道："自信是走向成功之路的第一步，缺乏自信是失败的主要原因。"在机遇来临时，自责的声音让我们犹豫不前，它小声提醒我们："上次你就不行，这次肯定也不行。"结果我们总是错失良机。按说这是念头的错误吧，但它会倒打一耙："看，你确实不行！"

这就是为什么严重的自责会引发心理疾病。

既然自责是念头的声音，我们自然要觉察并知道这种声音，即"观自责"。

请参照"观净相"的流程，不同点仅在两服解药的不同。

关于第一服解药，仍然有关感恩与讲和，但请找出最适合自己的那服解药。以下是一些感恩自己、与自己讲和的警句——

---

[1]（美）斯蒂夫·弗洛沃斯、（美）鲍勃·斯塔尔著，杜雪莹译：《只想静下来》，印刷工业出版社2013年版。

* 世事难料，我也不是神仙。

* 别把念头当真。

* 慈悲心先从慈悲自己开始。

关于第二服解药，想想看，念头经常找哪些理由让我们重新自责呢？或者是"你有责任"，或者是"你要反思"。

要反驳"你有责任"，简单讲就是"我没责任"。听起来有些不够公益心吧？不、不。还是因为"矫枉须过正"，几十年的教育已经把我们的责任感积累成大山一般，是无须担心它一夜消失的。不信的话，试着明天把自己变成不负责任的人，恐怕并没那么容易实现吧。要想逐步实现"我没责任"，不妨先从放下一些不必要的虚名开始。不谦虚地说，虽然我也接受过一些荣誉，但推辞的荣誉远比接受的多，什么某某会长、某某评委、某某理事长、某某人物之类。在我看来，这些都是不必要的责任，因此往往回复："谢谢信任和抬举，还是推荐别人吧。"前半句算是真诚的感谢，后半句也算是自知之明。

要回答"你要反思"，就有些难办了。因为我们从小就学过孔子的教导"三省吾身"，怎么能推翻这个儒家传统的根本呢？其实我不想推翻，也不用推翻，因为这句话没讲完，孔子把要反思的主题都约定好了，就三条——第一，给人办事尽力了吗？（为人谋而不忠乎？）第二，对朋友讲信用了吗？（与朋友交而不信乎？）第三，学到的知识用上了吗？（传不习乎？）这三条谁都能做到吧，估计他老先生确认完，就安心睡觉去了。所以说，反思的主题不能扩大。我的理解是每天三次肯定自己，抓住每个时机表扬自己，就像我为大家所做的表率一样。

"观"完了自责，我们把自责放下。前面讲的自责，来自完美主义的苛求。而另一种自责，只希望时光倒流，只希望能重新决定。

后悔与忧虑

后悔和忧虑,两者的共同点是什么?一个是都错过了当下。马克·吐温有句名言:"今天是你在昨天所担心的明天。"我再补充下,今天不仅是我们昨天所担心的明天,而且是我们明天所要后悔的昨天。

另一个是后悔和忧虑常常出现在同一个人的身上。我还没有见过哪位朋友光后悔不忧虑,或者光忧虑不后悔的,因为它们都发芽于同一片胡思乱想的土壤。看看周围,什么样的人容易后悔和忧虑呢?爱思考的人——多思就会多虑,不仅胡思乱想,还会用胡思乱想为胡思乱想找借口。再有什么共同点的话,就是后悔和忧虑都让人睡不着觉。失眠不是病,但失眠很要命,或者睡不着,或者醒得早,都很痛苦。仅仅为了睡觉这个人生大福利,我们就应该学会"观后悔"和"观忧虑"。

该为后悔和忧虑准备怎样的解药呢?

先看看烦恼的来源。后悔出自大脑不准确的记忆,而忧虑出自大脑不准确的预测,就像成语"杞人忧天"讲的那样。危害还不止于此,后悔会进一步引发更不准确的记忆，让人自责；而忧虑会进一步引发更不准确的预测，让人恐惧。因此，解药只需一种：用当下过好当下。

提到当下，不得不推荐最值得参考学习的榜样——动物。美国诗人惠特曼说："让我们学着像树木和动物一样顺应自然，面对黑夜、风暴、荒谬、意外与挫折。"卡内基也幽默地说："我有十二年养牛的经验，从来没有见过一头母牛因为草原干旱、下冰雹、寒冷，或是公牛向别的母牛示好而生气。动物安然面对夜晚、暴风雨及饥饿，它们从来不会精神崩溃或得胃溃疡。"因为动物们始终活在当下。

后面会讲到，我们无法根除这两种烦恼，但要想减少这两种烦恼，最好在生活中保持观照。别担心没机会，后悔和忧虑发生得最频繁，因此被观照的机会最多。类似地，请参照"观净相"的流程，不同处仅在于两服解药的不同。

先看"观后悔"。

关于第一服解药，这里有一些"活在当下，停止后悔"的警句——

* 过去已灭。

* 塞翁失马，焉知非福。

* 还有我最欣赏的那句：别为打翻的牛奶哭泣。

关于第二服解药，想想看，念头会如何说服我们继续后悔呢？它经常用的说法是："我们要从过去的错误中总结经验！"这听起来好像很有道理。确实，一定程度的反思可以避免我们再犯同样的错误，但这得有一定的限度，因为显然，过度后悔不仅于事无补，而且浪费生命。歌德说："后悔更没用，后悔给你新罪过。"如果缺乏观照，我们可能在不知不觉的后悔中度过几个月，甚至几年，错过多少当下！

再看"观忧虑"。

关于第一服解药，这里有一些"活在当下，停止忧虑"的警句——

* 船到桥头自然直。

* 世事难料，多想无用。

* 忧虑解决不了问题。

关于第二服解药，想想看，念头会如何说服我们继续后悔呢？它经常用的说法是："向前看才能保持警觉。"这听起来又好像很有道理。

难道这有错误吗？我们不常听到政治人物在搁置争议时说要"向前看"吗？这句话本身没错，心中可以保留对未来的憧憬，但仍需活在当下。如果没及时观照，我们可能把忧虑变成陪伴一生的习惯，又将错过多少当下！

"观"完了后悔和忧虑,让我们试图把它们放下,但有时很难放下。可以说,在所有的负面思维中,后悔和忧虑的生命力最顽强。要根除这两种经过数亿年完善的人类自我保护机制,不像纠正念头那般容易。

首先,注意到了吗?对于后悔和忧虑重来的念头,前面都没有彻底驳斥。因为一定程度内,有忧虑、有后悔才正常,完全没有并不正常。就像念头为自己辩护的那样,没有后悔,人类就无法从错误中吸取教训;没有忧虑,人类就无法预警未来。因此,对生活在现实世界中的我们来说,不能不后悔,又不能过度后悔;不能不忧虑,又不能过度忧虑。可以给出的建议,顶多是适可而止。

并且,我们的脑子中真有一个"不在当下"的念头吗?未必。谁都想活在当下,可念头总会自动把人们带离当下。因此,要想减少忧虑和后悔,只有降低胡思乱想的能力,而这没有捷径,只能回到"心的锻炼"。至此,我们用到了人生正见的三把钥匙——感恩、讲和、当下,但实事求是地讲,它们仅仅算背景知识罢了,而非"观念头"的关键。什么才是关键呢?觉知。

当你觉知它的时候,念头就已经开始消散了。

除了烦恼的念头,我们还面临烦恼的情绪——更快的、更猛的、更具杀伤力的情绪。有朋友会问:为何拖到现在才介绍如此重要的情绪?答案并不那么简单。

第十一章

生活中的"情绪"

何谓情绪

中国的古语中有"七情六欲"的说法。"七情"指的是喜、怒、忧、思、悲、恐、惊,即喜悦、愤怒、忧郁、思考、悲伤、恐惧、惊吓。这七种情绪中,除了喜悦算积极、思考算中性外,其余五种都属于负面情绪。其实何止负面情绪,任何情绪只要过度,都对身体不利,想想我们一生"用情",是否很不划算?

如此不划算的情绪,为什么还会被进化史保留下来呢?

神经心理学家瑞塔·卡特说:"我们一直认为'情绪'是一种感觉,但这个词其实有所误导,因为它只形容了一半,确实有一半我们在感觉。其实情绪根本不是感觉,而是一组来自身体的生存机制,演化出来让我们远离危险,避凶趋吉。"[1]

究竟是怎样的"生存机制"呢?简单来讲,情绪帮助我们的祖先集

---

[1]（英）瑞塔·卡特著,洪兰译:《大脑的秘密档案》（增订版）,远流出版事业股份有限公司2011年版,第138页。

中注意力——无须思考,只需本能。在长期的进化史中,人体对一些非常危险的感觉信号做好了本能的识别。一旦触发这些意味着生死存亡的识别,就像警铃响起般,气血开始翻滚,激素开始分泌,喜、怒、哀、乐的感觉开始发作———一切都在提醒大脑:"放下其他工作,先处理危险信号!"情绪越剧烈,我们的注意力就聚集得越快。可以想象,这是我们的祖先生存下来的关键。

显然对人类而言,太用情不好,没用情不行。

既然无法摆脱,那如何与情绪和平共处呢?

事实上,这句话是有语病的:它听起来好像有某个独立的情绪可以共处似的,这恰恰是对情绪的最常见的误解。且听约瑟夫·勒杜教授继续讲解:"与意识有关的情绪,在某些方面来说是假的,是个幌子。它所制造出来的感觉和行为,是内在机制的表面反应。"[1]

究竟是怎样的"内部机制"呢?简单来讲,情绪横跨物质和精神两界,可谓是身心分离。

在物质层面,情绪表现为很明显的体内能量。还记得那个自我感觉的实验吧?下一次把愤怒当作观察情绪的机会,边观察,边问自己:情绪到底在哪里?最明显的,莫过于体内涌动着的气血。气血是中医的说

---

[1]（英）瑞塔·卡特著,洪兰译:《大脑的秘密档案》(增订版),远流出版事业股份有限公司2011年版,第165页

法，其实就是体能能量。不仅愤怒，其他若隐若现的情绪，如悲伤、痛苦、恐惧、忧郁等，也能引起体内令人不安的能量。

另外，在精神层面，情绪又确实表现为感受、思维、意识。关于情绪的精神控制中心，笛卡儿认为在松果体，而古代中医有"上丹田""中丹田""下丹田"等不同猜测，这些都被证明是错误的。现代医学已经很清楚地告诉我们，大脑中的情绪调节，至少有三个部门参与：一个是调节中心——大脑的边缘系统，它负责感受判断、疏散、调度情绪信号。另外两个是辅助系统——大脑皮层的前额叶负责理性思维的控制、抑制情绪，以及下视丘负责本能反应、启动情绪。科学家们观察发现，在情绪活动中，从代表感性的边缘系统向代表理性的大脑皮层传递的信息量，远比反向传递的信息量大，且前者比后者启动得更早，反应得更快。这解释了情绪中的感性确实大于理性。

身体、感受、想法、反应、整体意识，如此算起来，"五蕴"中的五种组成（色、受、想、行、识），居然一个不落地被情绪包含了！这等于说，独立的情绪——喜、怒、忧、思、悲、恐、惊——是个神话！

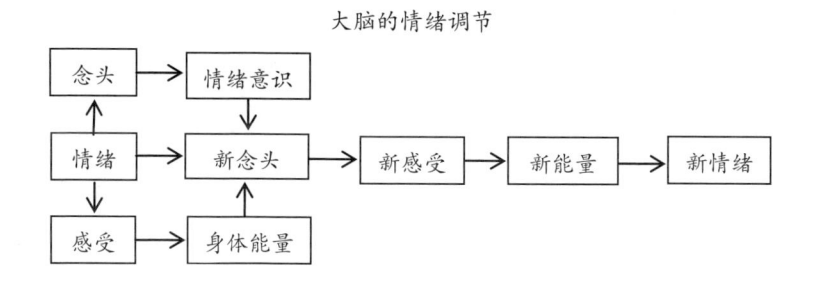

大脑的情绪调节

念头 → 情绪意识 ↓
↑↓   ↓
情绪 → 新念头 → 新感受 → 新能量 → 新情绪
↓↑   ↑
感受 → 身体能量

激流中的一叶

之所以要强调情绪的非独立性,是因为本章的主题叫"观"情绪,但一个综合身体、感受、念头、整体意识的混合体,让人从何"观"起?!

好在有一个便利之处:对我们要控制的情绪——愤怒与悲痛——来讲,感受和整体意识都非主因,或者是结果,或者是辅因,可以暂时忽略不计。这样问题就简化为:**情绪可以被理解为思维与能量的组合,通俗地讲,就是念头与气血的组合。**

接下来,我们要么观能量,要么观念头,哪个更重要呢?

都重要,这正是困难所在。

首先,念头是主动的,我们无法忽视。前面提过,念头常常鼓动气血造反,表现出来就是情绪。之所以念头要用这种方式来引起我们的注意,原因很简单:气血才能直通大脑。要知道,人类的大脑处于严密的保护之中,没有什么东西可以直接进入。物理上,它被骨骼保护着;化学上，它被血屏障保护着。俨然一座戒备森严的"威虎山"。站在念头的角度考虑，怎样快速地"智取威虎山"呢？只有靠气血才能办到！而气血的能量不发则已，一发生就以迅雷不及掩耳之势地遍及全身，尤其大脑！这解释了情绪的确有排山倒海之势。

相对于念头，气血是被动的，但同样无法忽视，为什么这么说呢？气血如旋涡或狂风一般把我们的思绪卷走，无形中掩护着念头。越是又快又猛的情绪，气血的力量就越大。想想看：当愤怒的时候，是谁让我们气喘吁吁呢？当悲痛的时候，是谁让我们的泪水无法抑止呢？还真未必是念头，而是身体中涌动的能量，令人情不自禁。

这等于说，"独立的情绪管理"也是个神话。

除非我们同时管理念头和气血，如此才叫"观情绪"。

"观情绪"也有一个要领——觉知，但这次比之前又多了一层含义：之前物件是单一的，这次对象是混杂的；之前与念头拉开距离很难，这次与念头和气血拉开距离更难！只要稍不留神，我们就会分不开情绪中的气血、念头、自己，或者以为胡思乱想是自己，或者以为涌动的能量是自己，或者以为它们都是自己。

因此，要领中的要领在于保持"两个职业距离"：气血是气血，念头是念头，都与自己无关。距离拉开了，自己就不再随情绪起舞了。

观情绪也有两个准备。

一个是准备"观念头",这是行动的准备。用个比喻来形容,当我们观念头时,好像要看清树上的一片树叶(念头);现在观情绪时,好像这片树叶掉入激流(气血)之中,但我们仍然要冷静下来,**看清激流中的那片树叶**。先找到情绪背后的念头,才能止息妄念,而止息妄念,才能对情绪釜底抽薪。

另一个是准备"观能量",这是不行动的准备。之所以不行动,是因为我们无法控制能量,也无须控制能量。有人会问:"能不能干脆把气血忘记算了呢?"不行。我们既不能跟随它,还不能忘记它,必须"看"着它,否则,就很容易把它当成自己。最好的选择是既不跟随,也不抗拒,任凭气血翻江倒海,看着能量自生自灭。

下面,我们把"观"情绪的方法用于实战。先了解情绪,再"观"情绪,最后还需要一个控制情绪的"加强版"——这在"观"念头时之所以没有,而在"观"情绪时要有——原因在于情绪来得又快又猛,如果"加强版"能替我们抵挡一阵,争取点时间,就再好不过了。让我们先从杀伤力最大的愤怒开始吧。

观怒火中烧

历史上多少成功人士，不是病死的，不是老死的，而是被气死的。

根据记载，诸葛亮一人就与两起命案有关——王朗是被他气得从马背上掉下来死的，周瑜是被他气得生病吐血而死的。这位诸葛亮先生自己倒一副气定神闲的样子，偶尔发脾气都是装装样子，真可谓是"气死人不偿命也"。如果诸葛在世的话，"气与不气"的话题最好由他来写。才子易怒，建议好好读这一节。

常听人讲"愤怒可杀人"，"人"不是别人，而是自己。中医也讲"怒伤肝"，愤怒中的身体不知道积累了多少毒素，愤怒中的大脑不知道损失了多少细胞，这些都不是别人的损失，而是自己的损失。想想看，有谁愤怒后是神清气爽的吗？反正我没有过。即便刚刚"怒胜"，比如把家人痛骂得离家出走，或是在摔家具的比赛中领先，事后也一定感觉筋疲力尽、追悔莫及！如古希腊哲学家毕达哥拉斯所说："愤怒以愚蠢开始，以后悔告终。"

当然愤怒也伤及他人。愤怒中的我们往往自认为有理，结果难免出口伤人，古时候的用词如"开战""决斗"，到现代变成了"离婚""辞职"，在美国更是"法庭上见""律师来谈"。再从语言上升到行动，结果难免动手伤人，多少家庭暴力、肢体冲突都在一怒之下发生，多少军事冲突都以全民愤怒的名义发动。

要想找到愤怒的解药，先看看它产生的原因。

从生理上来讲，这可能是最早伴随我们成长的一种情绪，甚至早于喜悦。观察刚出生的婴儿，是哇哇大哭，还是哈哈大笑呢？显然是前者。出生后的小孩，一没奶吃，就会大哭；一喝上奶，就不哭了。**显然，哭声不代表悲伤，仅代表不满**。这个习惯一直伴随着我们长大，每当事与愿违的时候，大脑就会产生不满的念头，再等念头发动起气血，就变成了愤怒的情绪。

除了个人原因外，当然还有社会原因。一旦涉及社会议题，正义感很强的朋友就很容易暴跳如雷。先别急，我没说社会总是公平的，更没说不公应该继续，我只想说愤怒对你的身心当然不利——既解决不了问题，也无法让你释怀。尽管在接受现状之前，我们可以先试图改善现状，可如果能做的都做了，社会仍然不公呢？我建议放下它——与它讲和。

比个人和社会更现实的原因，在于愤怒是一种"不由自主"的情绪，类似嫉妒的念头。想想看,谁都知道愤怒的坏处,但谁都忍不住发怒。即使一向心怀善念,也难免会发生"一把火烧掉一片功德林"的情况,更何况我们的善念还不够,愤怒就更难控制了。

如何控制愤怒呢?正因为别无良策,"观愤怒"才是没办法的办法——越早觉知,才越有可能阻止下一步的冲动。

"观愤怒"也有三个阶段。

首先是准备阶段——了解自己的愤怒,分析它背后的原因,是责备、嫉妒、后悔,还是其他的思维模式,找到相应的"解药"。

其次是"观念头"阶段——觉知愤怒中的念头,并在心中默默确认,它仅仅是个念头而已:"哦,这是一种嗔恨的念头。""哦,这是一种嫉妒的念头。"认清念头后,请用前面准备的正见驳斥念头、放下念头。

最后是"观能量"阶段——感觉着愤怒情绪下的气血在身体里逐渐平息,心里也默默确认,它仅仅是能量而已:"哦,气血冲到头上了。""哦,气血逐渐感觉不到了。"认清能量后,请把自己置身事外,**看着能量慢慢退去**。

为缓解愤怒的冲击力,请考虑以下愤怒控制的"加强版"。

第一,发泄一下能量!这是因为愤怒中的气血总要有个出处,出处不是摔碗、摔电视、踢门、踢冰箱。更好的选择是体育运动,如骑车、

/ 第十一章 /　　生活中的"情绪"

游泳、狂奔，或同时进行"铁人三项"。

第二，转移一下注意力！虽说第六章中我们曾义正词严地反对过"转移"，可对于愤怒这种来得快又去得快的情绪，的确需要争取些时间，比如上网、听音乐、看电视都是临时缓冲的办法。

第三，尽快离开现场！这是因为环境容易触发习惯，也容易改变习惯。既然很多愤怒是习惯思维造成的，那么及时离开当时的环境，将会打乱习惯的模式。如果原地不动，只怕会越想越"气"。

有人建议"深呼吸法"，有没有帮助呢？当然有。但我以为"深呼吸法"算觉知的一部分，因为只有先觉知愤怒，才能在其后想起深呼吸吧。还有人建议"控制暴力法"，有没有帮助呢？可以说如果发展到暴力，"观愤怒"已经彻底失败。想想从不满的念头演变成武力冲突，中间还有很大一段距离，只有当我们一而再，再而三地错过觉知"念头—能量—新念头—新能量"的循环，才可能让怒气演变为暴力。

所以说，愤怒难以控制，这是不可否认的事实。但带上"观"的方法试试吧，或许各位会越"观"越灵的，但愿这对你及周围人的长寿是个福音。

观完了愤怒，我们放下愤怒。再看看另一种负面情绪——悲痛。

观悲痛

如果英雄们要避免气得半死，那普通人就要避免悲痛伤身。

这也有一定医学道理。中医讲"悲伤肺"，过度伤感不仅有损健康，还会让人走向抑郁，总觉得："自己怎么这么可怜？"典型的例子是《红楼梦》中的林黛玉，因伤感过度而早逝，留下许多诗词为证。佳人们爱哭，建议重点阅读这一节。

说起悲痛，不晓得各位有没有过大哭一场后"心绞痛"的体会。心绞痛，顾名思义，就是能感到心在"绞着并痛着"。还不清楚我在说什么的朋友，好好失恋一场就有体会了。记得我在大学时不幸第一次失恋，虽然没有被送去医院，但被实施手术般的心痛至今仍能记起。

除了失恋外，更常见的悲痛来自失去亲人、爱人，以及像亲人一般的朋友，这里统称为"亲友"。虽然我们都衷心地祝愿他（她）能永远相伴，但恐怕并不符合现实情况。人生的法则是每个人有一天都会去另一个世界，虽然无法预测时间，但我们的潜意识里总觉得"还有时间"，结果亲友一旦离去,我们就觉得"非常突然"。糟糕的是,那时我们才想起很多想做而未做的好事,又想起了很多不该做而做了的坏事。

这就告诉我们一个惊人的事实——在悲痛的情绪下,还隐藏着更深层的念头。

一种可能是自责。当失去亲人的时候,我们想起还没来得及报答的恩惠,或者想到有负于人,比如发过的脾气和曾经的指责,心生深深的愧疚之情。

另一种可能是后悔。比如想起我们错过了一个道别的拥抱,想起错过了最后说声"我爱你",于是心生追悔莫及的感觉,希望时光可以倒流,再给自己一次问候的机会。

还有一种可能是依赖。当这些亲人和朋友在世的时候,我们以为他们的存在是理所当然的,以为他们的帮助也是理所当然的,当失去这一切时,我们突然就变得无所依靠。

当然也有真正的悲痛,它往往来自极度的失去感。对普通的失去感,如失业、失学,我们不高兴但不至于悲痛,只有当失去的念头发展为痛苦,痛苦到气血涌动的程度,才转化为悲痛的情绪。

之所以要分析为什么悲痛,是因为我们要搞清楚"观悲痛"的物件:是自责、后悔、依赖,还是失去?搞清楚才好对症下药。

"观悲痛"的流程,请参照"观愤怒"的流程,就此补充两点:

关于准备阶段，估计没有谁愿意提前准备悲痛的解药。问题是，往往因为如此，悲痛才来得十分突然，因此尽量吧，起码要对这个世界的无常有心理准备。

关于控制悲痛的"加强版"，莫过于豁达的世界观。看看庄子是怎么做的，《庄子·至乐》中记载了这样一则故事，大致是说，庄子的朋友惠子听说庄子的妻子去世了，就前往吊唁。当惠子来到庄子家门口时，吓了一跳，因为他见到庄子正坐在草垫子上敲着瓦盆唱歌呢。于是惠子就上前责备说："想想和你同住、为你生子、为你操劳的妻子死了，你不哭也就算了，还敲着盆唱歌，不是太过分了吗？"

庄子回答说："当妻子刚死时，我怎么会不悲伤呢？可是后来想到，妻子本来是没生命的，连形状和气息都没有；后来从万物间出现了她的气息，由气息里产生了她的形状，由形体里产生了她的生命；现在她又回去了，就像春夏秋冬四季一样交替循环，人本来就像从空荡荡的大房子中走来，又回到原来空荡荡的大房子里去休息。如果我为此号啕大哭，不是不懂得命运的道理吗？想到这点，我就停止了悲痛。"

看看庄子的胸怀！不过豁达归豁达，如果哪天我不在了，各位不要像庄子那般高兴哦。

从观悲痛到观愤怒，我们看出与以往情绪控制的不同：无须转移情绪或纠正情绪，更有效的情绪控制在于觉知——从觉知念头开始，到觉知气血收尾——

当我们觉知情绪的时候，情绪就开始消散了。

在几十亿年的生物演变中，念头和情绪始终控制着我们的祖先，从来没有出现过相反的情况。当我们能够透过觉知去察觉念头、控制情绪的时候，就实现了一种新的进化，或者说走上了一条自我平静之路。

观念头，观情绪，为的是解决烦恼的当务之急，可如果仅仅忙于摆脱烦恼，生活好像成了一种负担。不，生活还应该更有意义，这就涉及一个值得思考的大问题：我们真的好好生活过吗？

第十二章

精进

常应常静

先说懒惰。

按说对本书而言,没有比懒惰更糟糕的反馈了。萧伯纳说:"如果你只单向传授,他永远也学不会。"的确,如果读到这里的各位旧习难改,并不说明本书教得不好,只说明你不够精进!同样,如果哪天本书的作者胡乱发火——没错,就是那家伙——也只是因为他又开始懒惰了!

再说逃避。

之前讲过的逃避还只是小逃避,更大的逃避是逃避生活。比如信佛是好事,但信到厌世的地步绝非好事。有人期盼着另一空间——天堂,有人期盼着另一时间——下辈子,这些朋友或许会想:"佛陀讲这个世界无法摆脱烦恼,那另一个世界呢?"

记得很多年前有部电影叫《楚门的世界》,主人公从小生活在一个人造的小镇上,小镇的生活幸福安详。楚门长大后,成为小镇上的保险经纪人,自己的生活也幸福安详,一切都好像被上帝安排好了似的。但楚门仍有烦恼,他的烦恼就是:为什么一切这么好!小镇中的所有人、镇长、爱人、家人都劝他说:"这就是属于你的世界。"直到某一天楚门离家出走,才发现小镇确实是一个被安排好的世界,在小镇之外还存在另一个世界。不妨猜测,当主人公楚门从小镇来到我们之中,一定会发现这个新世界多不完美。

情况也可能发生在我们身上。

即便是所谓的天堂,也会有烦恼,那我们还是学会与这个世界、这一辈子的烦恼共存吧。

最简单的精进,前两章已经讲过,就是在生活中观念头、观情绪。其实类似的方法,老子在两千多年前就讲过,他说:"真常应物,真常得性,常应常静,常清静矣。"

"真常应物,真常得性",意思是日常的烦恼没什么可怕,我们按照本性去应对。反过来,日常烦恼也可以锻炼我们的本性。哪些本性呢?我想大致是定性和觉性吧。

"常应常静,常清静矣",意思是我们对生活中的烦恼见到一个就觉知一个,觉知一个切断一个,切断一个放下一个,这样就可以心无挂碍,从而实现自我平静的目标。

但"常应常静"就是精进的全部意义吗?不。比在烦恼中精进更难的，是在平淡中精进。

方法在于生活中的正念与生活中的正定——这才是不为人知的精进，这才是不为人知的生活。

生活真是修行吗？

各位一定听说过一句很时髦的话——生活就是修行。

如果有个讨厌的家伙，就是我，非要问个究竟："这句话怎么解释呢？"大师可能轻松地给出上一节中的答案："在日常的烦恼中锻炼自己啊。"

如果这个讨厌的家伙，还是我，接着问："生活中大部分时间没有烦恼，没烦恼的时间怎么锻炼自己呢？"假如大师还愿意继续搭理我的话，一定是因为非常欣赏这个问题。

如果这还不算完，我仍有问题："假如吃饭、睡觉、走路、干活都算修行，那么什么时候不算修行呢？"估计可怜的大师真该生气了，而追问的家伙也该被逐出山门了。

关于"生活是不是修行"，我认为，大部分人的大部分时间根本算不上修行。人们坐着，只是在那里发呆；人们走着，只是在那里散步；人们洗碗扫地，只是在那里干活；人们躺着，只是在那里睡觉——这些糊里糊涂的生活，怎么算得上修行呢？

虽然听起来令人沮丧，但部分读者或许暗暗认同：修行的目的在于修心，没有"心"的话，"行"的意义何在？假如吃饭、睡觉、扫地都算修行，修不修又有何区别呢？

除非，你带上觉知。

除非，你的"心"在观察。

要我认可"生活是修行"，前提一定是明明白白地生活。

最理想的状态当然是每时每刻都念念分明，但实际上很难做的。因为周围的干扰太多，不管环境、感受、念头，都会把我们有限的觉知淹没。怎么办呢？不仅觉知，还要专注，加起来就是生活中的正念。

比如，会议中、打电话中、在计算机前……这些都是应该专心思考的时候，请把自己的"心"安于会议、电话、计算机。又如，开车时、跑步时、劳动时……这些都是专心运动的时候，请把"心"安于视觉、动作、身体。说来奇怪，最适合的正念时刻，仍然是佛陀两千多年前所讲的"行、住、坐、卧"四种——行走时、站立时、坐下时、睡觉前。当然，对现代人来说，我还可以补充另外四种——在吃、喝、玩、乐中，也请保持正念。

当我们带上正念的时候，生活的样子会发生改变。

西方正念课程常用一种叫作"巧克力正念"或者"葡萄干正念"的练习：学员们在第一次上课的时候，先收到一枚小小的葡萄干或者巧克力豆——这里以 M&M 巧克力豆为例——老师会指导学员把它放在手上，用手体会它的细微重量，接着观察它的颜色和光泽，再把它放在鼻子边上，体会它淡淡的气味；然后小心翼翼地把它放到嘴里，但不要咽下去，用舌头感触它的形状和表面，然后开始咀嚼，感觉巧克力豆表面的破碎，以及它在口中分解溶化的过程，品尝其中的滋味，这时再慢慢下咽，体会它通过喉咙顺着食道下滑的感觉，结束前闭上嘴，体会巧克力的余味，以及自己有没有想再吃的欲望。如果有，欲望的感觉在哪里？

可想而知，这是一次超慢超细的体会。对于以前大把大把吞嚼的学员来讲，好像从来没有这么吃过一颗巧克力豆，日常的小事居然变得津津有味，他们大多反馈说："不知自己错过了多少生活的体会。"

当我们带上正念的时候，也更容易融于自然。

回想一下每次户外旅行，自己是安然自在，还是匆匆而过？其实无论是跑步还是散步，无论是在城市还是在乡村，我们都不妨体会天地间的大美。讲到这里，我觉得似乎有义务为我居住过十几年的南京代言一下。大家都知道古都南京依山傍水，可以用左青龙、右白虎、上玄武、下朱雀来形容。"左青龙"指的是长江，我欣赏它默默地流过，丝毫不理睬人间的喜怒；"右白虎"指的是紫金山，我喜欢冬天开车进山，在树林中感受自己的渺小;"上玄武"指的是玄武湖,我享受春天湖边的新绿,感觉到小草自在地活着;"下朱雀"指的是夫子庙,我会偶尔在晚上去看那里人潮涌动、小摊小贩乐此不疲的样子。难道我仅仅在为南京代言吗?不。我是提醒各位,在你所住的城市,一定也有这些"青龙""白虎""玄武"和"朱雀"吧,各位可曾好奇地身处其中感觉着,抑或仅仅去拍照留影、匆匆而去?

这就是我所知道的生活中的正念了。

有人会说:"哪有这般闲情逸致啊?我还要实现很多社会责任、自我价值、人生意义。"对此我不仅认同,而且敬佩。确实,本书倡导的都是小生活,而你提到的是大目标,两者该如何协调呢?

孟子说过一句话:"穷则独善其身,达则兼济天下。"翻译成白话就是,过得好我们就照顾大家,过得不好我们就照顾自己。"穷"在这里,不是贫穷,而是不得意,没当官、没出名、没发财、没人爱,在孟子眼里都算"穷人"。"达"正好相反,今天的官员、名人、明星、富人,在孟子眼里都算"达人"。

孟子这句话讲得很好,但也有点问题。说他讲得好,是因为他给出的两个选择都积极向上,符合儒家"君子自强不息"的作风,绝非消极遁世的第三种选择。只是前后反差有点大:怎么听起来好像要我们二选一呢？

其实"济天下"和"善其身"本来并不矛盾，可以两者都选。"济天下"是奋斗目标，胸怀人生目标总比没有人生目标好。"善其身"是正念生活，每天的日子还要好好过。

如果说人生是段旅途，那么远处的目标默默记在心中就行了，可别忘记欣赏一路的风景。遗憾的是，我们特别擅长记住大目标，容易忽略小生活，往往专注地朝着"济天下"狂奔，却回头发现自己一路走来，忘记了小到不能再小的"善其身"，那将是一种多么不划算的人生！

不仅要在正念中精进，还要在正定中精进，但要先回答一个问题：为什么不能在喜悦中精进呢？

深深地静,淡淡地喜

其实我也希望能平静时平静、喜悦时喜悦,没有烦恼,但问题是这不现实。

为什么说不现实呢?因为,即便想象在天堂中,也不可能每天狂喜吧,何况我们还在人间。更重要的是,这个时空的宇宙有自己的平衡法则:苦乐总是相伴相生。

人生的痛苦和享受,好像上天买一送一的礼物,买一还必须送一,想不要都不行。

既然有享乐就有痛苦,没享乐就没痛苦,那么我们的最好选择就是:深深地静、淡淡地喜。

可能你有些犹豫:我们不是听过一些励志的豪言壮语吗?比如"要轰轰烈烈活一辈子",或者更吓人的"要惊天动地爱一辈子"。我只能说:小乐小苦,大乐大苦。说句玩笑话,在祈祷之前请先评估一下自己的承受能力，万一祈祷应验了，恐怕来了想要的，更来了不想要的。

可能你仍然犹豫："人生的意义不是追求快乐吗？"

这要看你怎么定义快乐。早在两千多年前的希腊时代，就流行过非常入时的快乐哲学，仅凭这个名字，就容易引起现代人的共鸣了吧。当别的学派还在追问世界的本源和人的本质时，这一学派的发起人伊壁鸠鲁却直奔幸福的主题；当其他思想家还在深究人生当理性抑或人生而痛苦时，伊壁鸠鲁却把人生定位于快乐。

需要说明的是，伊壁鸠鲁的"快乐"与一般人理解的不同。他深入研究过如何才能快乐，并列出了两个条件，首先摆脱身体上的痛苦，其次满足物质上的欲望。他把人的欲望分为三类："自然而必要类"，如温饱；"自然而不必要类"，如烟酒；"不自然也不必要类"，如名利。满足了这三类是否就会快乐呢？理论上是的，因为它们都满足快乐的两个条件，这就是为什么快乐哲学有时也被称为"享乐主义"。

但伊壁鸠鲁对快乐的追求并未结束，他在物质条件的基础上，又进一步增加了精神条件：在三类欲望中，后两类会带来"精神上的纷扰"，不属于真正的快乐。而只有第一类，既没有物质上的纷扰，也没有精神上的纷扰，才能称得上是真正的快乐。该用什么词形容这种"身无痛苦，心无纷扰"的状态呢？伊壁鸠鲁选来选去，选到了本书的主题——平静（Ataraxia）。看来平静才是快乐哲学的内涵。

每当听到有的朋友抱怨自己平凡而平静的生活，我都真心地提醒他或她——清净是福。国学大师南怀瑾这样解释："真正的福报是什么呢？清净无为。心中既无烦恼也无悲，无得也无失，没有光荣也没有侮辱，正、反两种都没有，永远是非常平静的，这个是所谓上界的福报——清福。学佛的人要先能明了这一点。世界上一切人的心理，佛都知道；一切人都把不实在的东西当成实在，真的清净来了，他也不会去享受。学佛证到了空性，自性的清净无为，大智慧的成就，才算是真福报。真福报那么难求吗？非常容易！可是人到了有这个福报的时候，反而不要了，都是自找烦恼。"

不自寻烦恼相对容易。问题是，如何不自寻烦恼，却又不觉得无聊？

诀窍不止于深深的静，更在于淡淡的喜。前者像生活中的"定"——它让我们不自寻烦恼，安于平静；后者像生活中的"正"——它让我们不觉得无聊，乐于平静。加起来才是生活中的正定。

朋友，你觉得生活无聊吗？那是由于你一直忙于"向外看"，也许重新体会自己的"本来之心"会有所帮助：它原本在那里，依旧在那里；倾听它的诉求，安于本性，然后把这颗"本来之心"的范围扩大，扩大到日常的色、声、香、味、触——比如品味一朵花，你觉得感恩才创造了香的概念；承受风雨，你希望讲和才让天人合一；看到天上的云，你体会当下才带出自由的感觉。

英国哲学家洛克把人生比喻为"白板"——它本无意义，如何让这块白板变得充满情调，值得回味？你画上了黑色的烦恼，烦恼就成了人生；你画上了红色的喜悦，喜悦就成为人生。问题是：黑色可以变成红色，红色可以变成黑色——这是一块非同寻常的"白板"——最后你画上了感恩、讲和、当下，平静就成为新的人生。

这就是我所知道的生活中的正定了。

回到本书起点的问题："如何在不平静的生活中寻找平静？"我们发现文字中已经隐含了它的答案——生活。在生活中，觉知、正见、正定、正念、精进。

噢，还有一份额外的礼物，之所以加上"额外"二字，是因为你可能需要，也可能不需要。对于认同本书方法的朋友来讲，认同感可能激发好奇心：这五个步骤是从哪里来的？

好像我可以自豪地回答："源于我的灵感。"但这并非事实，起码只是事实的很小一部分。更大部分就像那句名言所说，我有幸"站在巨人的肩膀上"，分享自己所见到的一线风景。为了致敬其中一位默默允许我站在上面的巨人，也为感谢所有耐心读到这里的忠实读者，我觉得有必要揭示一下本书的平静之源。

额外的礼物

本书的方法,不过是佛学"八正道"的简化版、通俗版、现代版。

有朋友可能会抗议:"临到最后,又冒出来一个概念?"没错,概念隐含着理性,而理性是本书的宗旨。不过我承认其中的分寸难以掌握,概念不清会让某些读者睡不着觉,概念太清又会让另一些读者立即入睡。不需要这份额外礼物的朋友,就请直接跳到临别寄语吧。

"八正道"号称佛学的解脱之道,即八个正确的方法,正见、正思维、正语、正业、正命、正精进、正念、正定。通俗地讲,就是正确的见解、正确地思维、正确地说话、正确地做事、正确地安身立命、正确地进步、专注地觉知、智慧地平静。

听起来是不是像我们从小背诵的四维八德?恐怕有点像。所以,坦率地讲,我对"八正道"最早的感觉就是四个字——"不以为然"。心想:虽说这八条都算好事,但第一,它们与烦恼何干?第二,难道佛学的解脱之道就如此不言而喻？

关于第一个问题，答案是："八正道"还真与本书的主题密切相关。我们称其为本书的平静之源，首先因为方向一致。你看，佛陀的思路一脉相承：他的总纲是苦、集、灭、道。最后一项"道"正是"八正道"。既然"四圣谛"的目的在于灭苦，那么佛陀让我们正见、正思维、正语、正业、正命、正精进、正念、正定的目的，用现代语言来讲就是摆脱烦恼。于是方向明确了："八正道"中的"道"，不是个人努力的方法，不是待人处世的方法，不是为社会贡献的方法，而是自我平静的方法。

不仅方向一致，内容更一致。

你看，本书的五个步骤来自"八正道"的简化。其中，除了第一个步骤觉知可以算总纲外，另外四个步骤正见、正定、正念、精进，均来自"八正道"。

你看，本书的"智慧线"——获得智慧、运用智慧、巩固信念——也来自"八正道"的简化。其中正见是获得智慧，正思维、正语、正业、正命是应用智慧，正精进、正定、正念是巩固信念。

你看，"闻、思、修、证"的方法仍然来自"八正道"的简化。其中正见就是"闻"，正思维就是"思"，正语、正业、正命、正精进就是"修"，而正念、正定就是"证"。

所以说，这不是我的灵感。

关于第二个问题：这八个方法是不是不言而喻呢？

还真不是！一方面，在追求速成的现代社会中，大家都难免有一种"头痛医头、脚痛医脚"的倾向：烦恼马上励志——单纯修心；求知马上读书——单纯修知；慈悲马上行善——单纯修行。问题不在速成，而在"欲速则不成"。因此要明确说明的一点是："八正道"不能像有些朋友希望的那样简化为"一正道"。

但另一方面，历经了两千多年的古老方法，也一定有可以简化的余地。换句话说，既不能一步到位，又最好尽量减少步骤，那么，该如何折中呢？

让我们重新把"八正道"简化一下，这次按照生活从内向外的次序——心灵、知识、行为——其中，正念和正定对应心灵，正见对应知识，正思维、正语、正业、正命、正精进对应行为。也就是说，"八正道"可以简化为心、知、行三项。

生活组成：心、知、行。

"八正道"：正见、正思维、正语、正业、正命、正精进、正念、正定。

自我提升：修知、修行、修心。

明代的王阳明曾经大力倡导"知行合一"，但他又大力倡导"心外无物""心外无理",听起来好像内外矛盾:知行在外,心在内,心外又什么都没有,如何解释呢?后人为了转这个弯,把王阳明所说的"知"和"行"都解释为心理活动,结果引向神秘与虚无,其实大可不必。

密码就在"八正道"的次序:修知、修行、修心。也就是说,知与行原本外在不假,但最终它们将归于内心!所谓知行合一,确切地讲,是知、行、心合一。

这就解答了如何折中的问题:"八正道"的方法简到最简,也就是知、行、心缺一不可。按照这个原则,再对照一下本书的五个步骤吧:觉知、正定、正念在修心、正见在修知、精进在修行。

所以说,自我平静的锻炼,五个步骤至此就算完整了。

看来我可以掩卷了。

/ 尾声 /

临别寄语

当各位快要放下本书的时候,我的心却没有放下。因为我还不知道本书是否达到了"真实有益"的预期。

亲爱的朋友,当你偶然拿起这本书,意味着我们之间有一种缘分。当你读到这里的时候,更意味着我们之间有一种特别的关联。

可能有人奇怪:如果本书确实是与众不同、让人真实受益的秘籍,为什么活得好好的作者,要花这么大精力写出来呢?其实我也说不清楚,我并没那么高尚,或许这来自古圣先贤的感召吧,或许这来自感恩、讲和、当下的力量吧,或许这来自我的本来之心吧。更重要的是,或许我们本来就是在一起的吧。

相信吗?这个世界无形中是相关联的,你和我的平静心无形中也是相关联的。如同一棵大树上的无数颗苹果,我们有彼此帮助的责任。不管你信不信,反正我信了,本书就是一颗苹果为另外一颗苹果所写的——愿我们无嗔,愿我们无悔,愿我们无忧,愿我们守住自己的幸福。

参考书目

说明：作者认同包括本书在内的所有知识财产权均应得到尊重，因此尽可能注明了引用出处。如果仍有遗漏，请邮件告知。核实后，我们于再版时补充。

（美）阿莫特、王声宏著，刘宁译：《大脑开窍手册》，中信出版社 2009 年版。

（美）贾雷德·戴蒙德著，王道还译：《第三种黑猩猩：人类的身世和未来》，上海译文出版社 2012 年版。

（美）阿尔伯特·艾利斯、（澳）黛比·艾利斯著，郭建、叶建国、郭本禹译：《理性情绪行为疗法》，重庆大学出版社 2015 年版。

（美）艾尔伯特·埃利斯著，卢静芬译：《克服心理阻抗：理性—情绪—行为综合疗法》，化学工业出版社 2011 年版。

（美）尼尔·舒宾著，李晓洁译：《你是怎么来的：35 亿年的人体之旅》,中信出版社2009年版。

(英)瑞塔·卡特著,洪兰译:《大脑的秘密档案》(增订版),远流出版事业股份有限公司2011年版。

(美)道格拉斯·T.肯里克、(美)弗拉达斯·格里斯克维西斯著,魏群译:《理性动物》,中信出版社2014年版。

《杂阿含经·第209经》。

(美)戴尔·卡内基著,陈真译:《如何停止忧虑,开创人生》,中信出版社2008年版。

(美)列纳德·蒙洛迪诺著,赵崧惠译:《潜意识:控制你行为的秘密》,中国青年出版社2013年版。

(美)塔拉·贝内特-戈尔曼著,达真理译:《烦恼有八万四千种解药》,中信出版社2011年版。

(英)迈克·乔治著,南溪译:《找寻内心的平静》,漓江出版社2012年版。

《圣经·加拉太书》第五章第二十六节。

(美)斯蒂夫·弗洛沃斯、(美)鲍勃·斯塔尔著,杜雪莹译:《只想静下来》,印刷工业出版社2013年版。

(美)艾兹拉·贝达著,胡因梦译:《平常禅》,海南出版社2007年版。